培訓叢書 ③1

激勵員工培訓遊戲

朱東權／編著

憲業企管顧問有限公司　　發行

＜培訓遊戲叢書＞

編輯宗旨

作為一名管理者：

你是否還在為一盤散沙的員工而大傷腦筋？

你是否還在為因循守舊的下屬而心煩氣躁？

你是否還在為職員們曲解你的用意而大發雷霆？

你是否還在為如何培訓員工而費盡心機？

你是否還在為如何團隊神而費盡心機？

……………………………………………………………………

　　這套＜培訓遊戲叢書）就是為解決機關團體、企業的培訓問題而編輯。

　　本叢書是國內有關於管理培訓遊戲的權威大集合。書中幾乎囊括了所有的培訓主題。無論哪一種課程，無論哪一類場合，你都可以輕鬆地在書中找到與之相適應的遊戲，以使你的管理更具魅力和活力，更為有趣和有效。

　　遊戲，也許有人會對它嗤之以鼻，認為它是一種小孩子玩的東西，沒有什麼價值。但是遊戲的下列特點使得它在管理培訓中佔有舉足輕重的地位：

　　· 遊戲帶來多樣性，多樣性是增添學習樂趣的調料

· 遊戲帶來互動，帶來培訓效率的提升
· 遊戲可以使我們重拾童真，找到創新的樂趣
· 遊戲可以幫助我們加快彼此的瞭解和溝通

由於遊戲具有上述特點，所以我們必須認識到遊戲的重要性。

遊戲是「互動」的一種方式，互動帶來效率的提升。本書提供的「互動」或「遊戲」方法可以促使學員高度地參與，提高培訓的效率。

在遊戲中尋找樂趣，於樂趣中獲得知識，是本套培訓叢書的最大宗旨。

本書中的遊戲具有娛樂性和學習性為一體的特點，而且內容豐富、形式多樣，因此能較大限度地培養學員對課程的濃厚興趣，調動學習積極性，全面促進他們的學習和工作。

<培訓遊戲叢書>項目齊全，包括…………..以企業現實存在的問題為主導，收集了各類培訓遊戲，專案針對培訓中可能出現的各種情況，，每個遊戲都以積極、活潑的形式進行編排。

企業培訓遊戲是一種新的管理形式。目的是加強企業團隊之間的凝聚力，增強協作精神，促進人與人之間的溝通。本書的每一個遊戲都具有極強的實用性，便於操作，讓你的員工在快樂的遊戲中提升工作能力。

《激勵員工培訓遊戲》

序　言

　　作為管理者，管理能力是第一競爭力。只有不斷提升管理能力和管理水準，才能確保企業的競爭力和自己的領導力。

　　企業源源不斷的透過培訓活動來解決問題、提昇員工績效，這當中，激勵員工是企業發展的動力，不斷進取的力量所在，因此，如何使用技巧以激勵員工士氣，幾乎是每一個部門主管所關心的議題，更是培訓講師最常開設的講座課題。

　　本書通過大量的故事和培訓遊戲，讓管理者在輕鬆閱讀本書的同時，掌握管理睿智，使自己更熟悉激勵技巧，管理水準得到進一步的提高。

　　本書內容包括＜激勵培訓遊戲＞和＜激勵培訓故事＞兩部份，本書的每一個培訓遊戲都是經過精心設計的，它們經過了專業培訓師多年來培訓實踐的檢驗，並獲得進一步的修改和完善，更符

合企業培訓實踐的需要。

　　本書是國內有關於激勵管理培訓遊戲的權威大集合，書中遊戲，無論哪一種課程，無論哪一類場合，你都可以輕鬆地在書中找到與之相適應的遊戲，使你的培訓活動管理更具魅力，更為有趣和有效。

　　作為培訓師，講故事是必備能力。培訓師往往通過一些「小故事」來闡釋培訓管理課的「大道理」，從而引發思考，使管理的一些棘手問題，通過生動有趣方式而迎刃而解。

　　作為培訓師，故事是活躍課堂的催化劑。這些生動有趣的寓言故事，可以讓嚴肅的課堂變得笑聲朗朗，並能引發無限思考。

　　本書委託企管公司、培訓專業公司等收集設計各類培訓遊戲，書中各種培訓內容都是發人深省、催人奮進，對學員予以激勵，激發他們的內在潛能、學習熱情、工作績效。我們相信，本書必將成為所有人力資源經理及培訓講師必備的實用寶典。

2015 年 7 月

《激勵員工培訓遊戲》

目 錄

1 引起激勵的加油站競爭

 遊戲人數：4～6 人一組，組數為偶數

遊戲時間：30 分鐘

 遊戲材料：無

遊戲場地：空地

遊戲主旨：

只有競爭，才能使一個人全力以赴參與到工作當中，發揮出自己的真正潛力

 遊戲方法：

1. 全體參加者按自願或講師指派，組成 4～6 人的若干小組。小組的總數必須為偶數。

2. 然後每兩組配對，彼此作為競爭對手。每一小組假設正在經營一家汽車加油站。

3. 請各組分別給自己的加油站命名，報知講師。

4. 配對的加油站假設都處在同一城市，而且坐落在同一條公路

交叉的兩側，彼此相對而居。他們爭取著同樣的顧客——過往的車輛。

5.競爭的對手們在教室中各自集中的地點應儘量相隔遠一點，以免討論經營策略時被對方有意無意地「竊聽」去而失密亮了底。

6.各加油站定期決定下一週的油價。

7.適當提價，可增加銷售量；提得過猛，顧客就不敢問津了。但真正的贏利卻與對手的定價策略密切相關。

8.如果雙方維持原價，這一週期內雙方的銷售額都只有 2 萬元，若雙方同時適當提價，則這一週期內雙方的銷售額都增至 3 萬元，即共同受益。問題在於僅一方提價，另一方維持原價時，顧客都湧到對面價低的一方去，使那邊顧客盈門，門庭若市，銷售額猛增至 4 萬元，而提價的一方則顧客裹足，門可羅雀，銷售額跌至只有 1 萬元了。請看下表：

定價決策		本週期銷售額(元)	
甲站	乙站	甲站	乙站
提價	提價	30000	30000
原價	原價	20000	20000
提價	原價	10000	40000
原價	提價	40000	10000

第一階段競爭。此階段的特點是兩對手之間互不往來，彼此不通氣，各自關門決策。這一階段可包括若干調價週期(最多可 8 輪)。每一週期給各加油站 3 分鐘時間討論並做出定價決策。決策

結果寫在紙上呈交裁判（講師），集中公佈。待此階段各輪競賽結束，裁判總計銷售額，裁定下列名次或優勝方：

· 各對競爭者的優勝方。

· 全班各競爭對（兩加油站）合計銷售額最高的一對。

· 全班按全階段銷售額的頭一、二、三名。

第二階段競爭。方式與第一階段一樣，惟一不同在於每一決策前，各站派出一代表，與對手方面的代表做短期私下接觸溝通，談判協調行動，達到定價默契的可能性。名次裁決同前。

 遊戲討論：

1. 最理想的競爭策略是什麼？

2. 第一、第二階段競爭有何不同？

3. 在這兩階段，各有何經驗教訓？

 遊戲總結：

1. 尋一知音難，源於指引，可以幫助自己創造出更好的成績，有時候對手也一樣，只有在競爭中才能夠真正地激發出人的鬥志，使其發揮出最高的創造力。

2. 前後兩個階段的不同點就在於第一次強調的是競爭，而第二次強調的是合作。第二次改變了定價策略，從相互競爭的定價策略到相互聯合起來的定價策略，也就是經濟學中所說的將完全競爭市場換成了一個寡頭競爭的市場，從而將定價的權利由市場轉向了生產者手中，從而使得廠商獲得了超額的利潤，這一轉變對於我們的工作提示是非常重要的。

3.分享與交流過程由各講師操控,遊戲所傳達的除參與者「親驗式體會」,講師的點撥起著點睛作用,必不可少,須精心準備。另外,變形還有「紙牌遊戲」等。

 培訓小故事

馴養員訓練老虎

從前,在一個馬戲團裏有一位馴養員。在他所飼養訓練的動物當中,以五隻小老虎的表演最為逗趣、可愛,演出時場場滿座,廣受觀眾的喜愛。

馴養員每天餵小老虎一斤肉,然後再施以訓練。它們受到獎勵便表現得非常突出,演出動作完全按照馴養員的要求。因此馴養員相當得意,摸摸五隻小老虎的頭以示贊許,老虎也咆哮一聲,自鳴得意一番。

隨著時間的流逝,小老虎長大了,而馴養員卻仍然每天只餵它們一斤肉。到了第三年,小老虎已經變成大老虎了,這時它們的食量大增,僅吃一斤肉已不能填飽它們的肚皮,所以它們常在表演時對著馴養員吼叫,暗示它們的需要。然而馴養員不以為然,以為它們又在自鳴得意。

一天,在全場爆滿的觀眾的期待之下,馴養員又帶著這五隻老虎出場獻藝。馴養員先餵老虎食了一斤肉,老虎也做了一番精彩的演出,然而接著它們卻在全場觀眾的熱烈掌聲中,咆哮一聲,在眾目睽睽之下向馴養員猛撲過去……

　　有效的激勵必然首先能夠滿足團隊成員的需要。不能滿足需要的激勵，不僅起不到激勵的作用，反而會適得其反，造成不良的後果。

　　管理者應該在激勵時對團隊的成員進行需求調查，根據調查分析的結果，實施有針對性的激勵。

2　可激勵的色彩

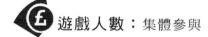 **遊戲人數**：集體參與

遊戲時間：5～10 分鐘

遊戲材料：彩色紙卡，信封

遊戲場地：不限

遊戲主旨：

　　顏色能極大地改變公司員工情緒和活力，玩這個遊戲，可以發揮你的最佳水準。激勵學員發揮他們的最高水準，激發團隊績效，幫助團隊設立和實現目標，激勵大型企業中的成員，激發學員的創造性，設計激勵環境。

遊戲方法：

1. 每個參與者需要一個內裝彩色紙卡（13 平方釐米大小）的信封，用裁紙機可以很容易製作這種彩色紙卡。每一套材料都是相似的，裏邊含有八個紙卡：黑色的、白色的和六個基本的彩虹色（紫、藍、綠、紅、橙、黃）。它們可以事先存放好，用的時候再裝在信封裏分發。

2. 提醒參與者，合理設計的工作場所可以創造活力感，可以提高工作效率。

3. 週圍的顏色——牆的顏色、傢俱的顏色等對情緒和表現有顯著的影響。色調（顏色）和強度（亮度）也會造成影響。一般來說，強光會造成人們更有活力和反應，像紅和黃暖色那樣（這個規律也有例外，不同的人對不同的光有不同的反應）。合理地利用光有助於創造一個有利於集中注意力學習和激勵的氣氛。

4. 分發彩色紙卡信封，讓每個人按照激勵效果從最強到最差的順序進行排序。

用舉手的方法，確定那一種顏色被認為是激勵效果最強的，還要決定那種顏色是激勵效果最差的。

5. 最後，展開一場討論，討論應怎樣設計或者改進工作環境，從而可以增加活力，激勵員工和提高績效。

6. 這個遊戲還有一些其他的玩法：帶一盞燈和幾個彩色的燈泡到訓練房。熄滅房間的燈光，然後用你帶的藍色、紅色和其他顏色的燈泡照亮房間。讓人們說出他們對不同色彩的反應。

7. 如果時間充足，將參與者分成四五人的小組，給每個小組

20 分鐘來為他們的工作環境設計理想的色彩安排。從某些小組中或者所有的小組中找一個代表，向所有的人彙報自己小組推薦的設計方案。

8. 自我操作，自己將彩色紙卡進行排序。然後裝飾你的家或者工作場所，以獲得你需要的活力或者平靜。

 遊戲討論：

1. 當你需要被激發活力時，那種顏色可以激發你的活力？

2. 是否有一些顏色、內容和形式讓你感到壓抑？有使你放鬆的嗎？

3. 我們應該怎樣幫助那些顏色偏好不同的人？

4. 將工作場所用激勵活力的顏色裝飾起來的優點和缺點是什麼？完全用柔和的色彩呢？

5. 你現在工作場所的色彩怎樣影響你的情緒和績效？你應怎樣改進顏色的安排？

 遊戲總結：

1. 色彩對人的情緒影響很大。許多人對因為今天穿了一件她不喜歡的顏色的衣服而悶悶不樂，從而影響她的工作。更普遍的是，辦公室裏裝飾的顏色對一個員工的影響更明顯，試想一個人每天在他不喜歡的顏色中工作，是很難激發熱情的。

2. 公司如果夠細心的話，應該注意一下員工的工作環境，使環境的色彩搭配和設計更合理。另外，每家大公司都喜歡為員工設計服裝，以體現這個集體的向心力，那麼下次設計時，請聽一聽員工

的意見，起碼選一種他們普遍接受的顏色，否則他們還是會像以前一樣羞於穿這種衣服出門的。

 培訓小故事

兔子的團隊激勵

南山坡住著一群兔子。在藍眼睛兔王的精心管理下，兔子們過得豐衣足食，其樂融融。可是最近一段時間，外出尋找食物的兔子帶回來的食物越來越少。為什麼呢？兔王發現，原來是一部份兔子在偷懶。

那些偷懶的兔子不僅自己怠工，對其他的兔子也造成了消極的影響。那些從前不偷懶的兔子也認為，既然幹多幹少一個樣，那還幹個什麼勁呢？也一個一個跟著偷起懶來。於是，兔王決心要改變這種狀況，宣佈誰表現好誰就可以得到他特別獎勵的胡蘿蔔。

一隻小灰兔得到了兔王獎勵的第一根胡蘿蔔，這件事在整個兔群中激起了軒然大波。兔王沒想到反響如此強烈，而且居然是效果適得其反的反響。有幾隻老兔子前來找他談話，數落小灰兔的種種不是，質問兔王憑什麼獎勵小灰兔？兔王說：「我認為小灰兔的工作表現不錯。如果你們也能積極表現，自然也會得到獎勵。」

於是，兔子們發現了獲取獎勵的秘訣。幾乎所有的兔子都認為，只要善於在兔王面前表現自己，就能得到獎勵的胡蘿蔔。

那些老實的兔子因為不善於表現，總是吃悶虧。

於是，日久天長，兔群中竟然盛行起一種當面一套背後一套的工作作風。許多兔子都在想方設法地討兔王的歡心，甚至不惜弄虛作假。兔子們勤勞樸實的優良傳統遭到了嚴重打擊。

為了改革兔子們弄虛作假的弊端，兔王在老兔子們的幫助下，制定了一套有據可依的獎勵辦法。這個辦法規定，兔子們採集回來的食物必須經過驗收，然後可以按照完成的數量得到獎勵。一時間，兔子們的工作效率大大提高，食物的庫存量也有增加。

兔王沒有得意多久，兔子們的工作效率在盛極一時之後，很快就陷入了每況愈下的困境。兔王感到奇怪，仔細一調查，原來在兔群附近的食物源早已被過度開採，卻沒有誰願意主動去尋找新的食物源。有一隻長耳朵的大白兔指責他惟數量論，助長了一種短期行為的功利主義思想，不利於培養那些真正有益於兔群長期發展的行為動機。

兔王覺得長耳兔說得很有道理，他開始若有所思。有一天，小灰兔素素沒能完成當天的任務，他的好朋友都都主動把自己採集的蘑菇送給他。兔王聽說了這件事，對都都助人為樂的品德非常讚賞。過了兩天，兔王在倉庫門口剛好碰到了都都，一高興就給了都都雙倍的獎勵。此例一開，變臉遊戲又重新風行起來。大家都變著法子討好兔王，不會討好的就找著兔王吵鬧，弄得兔王坐臥不寧、煩躁不安。有的說：「憑什麼我幹得多，得到的獎勵卻比都都少？」有的說：「我這一次幹得多，得到的卻比上一次少。這也太不公平了吧？」

時間一長，情況愈演愈烈，如果沒有高額的獎勵，誰也不願意去勞動。可是，如果沒有人工作，大家的食物從那裏來呢？兔王萬般無奈，宣佈凡是願意為兔群做貢獻的志願者，可以立即領到一大筐胡蘿蔔。佈告一出，報名應徵者好不踴躍。兔王心想，重賞之下，果然有勇夫。

誰也沒有料到，那些報名的兔子之中居然沒有一個如期完成任務。兔王氣急敗壞，跑去責備他們。他們異口同聲地說：「這不能怨我呀，兔王。既然胡蘿蔔已經到手，誰還有心思去幹活呢？」

為了提高下屬的工作積極性，管理者通常要採取各種方式對下屬進行激勵。但這種激勵對於確保組織目標的順利實現還遠遠不夠，管理者還必須學會如何去激勵由不同成員通過協作進行問題解決的團隊。

面對問題，兔王採取了各種措施來提高兔子們的工作積極性。然而，新措施執行以後，總會又產生新的問題。兔王對個體的激勵並不能帶來團隊的高效率，由此可以看出，個體激勵不能替代團隊激勵，團隊激勵也不僅僅是個體激勵的簡單相加。

3 搖動大遊戲

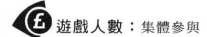 遊戲人數：集體參與

遊戲時間：15 分鐘

遊戲材料：無

遊戲場地：空地

遊戲主旨：

本遊戲通過讓學員評價他們在激勵鍛鍊前後的活力水準，幫助大家認識到給予員工以激勵，是非常重要的。

遊戲方法：

1. 培訓者為所有的參與者準備好活力測量表、放音設備和動感的 CD 唱盤。

2. 培訓者將活力測量表發給所有的參與者。然後讓他們在 1～10 之間為自己的活力打分，最高為 10 分。

3. 接著，用放音設備播放一些有趣的音樂，讓人們原地跑或者原地踏步走（取決於他們的能力）3 分鐘。當他們這樣做的時候，鼓

勵他們互相加油。

4.現在讓學員們等 30 秒鐘左右時間，讓他們重新給自己的活力打分。迅速地計算平均分數，如果你願意的話，可以將這個結果顯示在幻燈片上。平均的活力水準提高了嗎？

最後，說明在一天的工作中做一些簡短鍛鍊的好處。充滿活力的體育鍛鍊可以提高整體的健康和舒適水準，可以作為激勵的動力。

 遊戲討論：

1.充滿活力的鍛鍊對你的活力水準有什麼樣的影響？

2.在工作時間，你有沒有進行充滿活力的鍛鍊？是在工作場所還是在其他地方進行鍛鍊？進行什麼種類的鍛鍊，鍛鍊的次數多嗎？

3.你應該怎樣把充滿活力的鍛鍊融進自己的日常生活之中？

 遊戲總結：

1.充滿活力的鍛鍊可以幫助大家提高自己的精神狀態，發揮你的最佳水準，停止拖延；當你精力不濟的時候激發你的活力，減少壓力；克服焦慮和對失敗的擔憂，克服厭煩情緒；激勵員工發揮他們的最高水準，幫助別人杜絕拖延；激勵長期表現欠佳的員工；激勵大型組織中的成員；管理你的壓力。

2.下面列出一些簡短不費力的鍛鍊項目，這些鍛鍊可以在辦公環境中進行。你可以添加其他學會的鍛鍊，尤其是員工推薦的鍛鍊。

鍛鍊項目：抬膝、散步、原地搖擺身體、騎自行車、彎身跳、

划船、呼啦圈、跳舞

活力測量表可以將鍛鍊前後的活力水準記錄下來：

0——昏迷狀態　2——上氣不接下氣　4——一般

6——生龍活虎　8——充滿活力　　　10——感覺極棒

 培訓小故事

歡呼激勵用口號

福寶克(FBOK)超級賣場集團的總經理弗諾因他的親和力而深得員工的支持和擁護。福寶克文化中最具號召力的是「福寶克歡呼」，從中可以感受到福寶克團隊強烈的榮譽感和責任心。

「來一個 F！來一個 F！我們就是福寶克！來一個 B！來一個 B！客戶至上福寶克！來一個 O！來一個 O！天天低價福寶克！來一個 K！來一個 K！服務創新福寶克！」

「福寶克！好好好！福寶克！好好好！」

每當弗諾巡視賣場時，他就會提高嗓門向著員工們高喊公司口號，然後員工們群起響應。更有趣的是，每週六早 7：30 公司工作會議開始前，弗諾會親自帶領參會的幾百位高級主管、商店經理們一起歡呼口號。

另外，在每年的股東大會、新店開幕式或某些活動中，福寶克員工也常常集體歡呼口號。福寶克的歡呼口號成了福寶克公司中最具號召力的話語，也是一大特色。在這個大家庭裏，

人人平等，沒有誰會因擁有帶頭喊口號的權力而自鳴得意，更沒有誰會成為被嘲笑的對象。

弗諾認為，每個人的工作都非常辛苦，如果整天繃著臉，一副表情嚴肅、心事重重的樣子，那就更加勞累了。所以，必須儘量用輕鬆愉快的方式，來應對相關的工作與生活，這就是弗諾所謂的「福寶克歡呼」的魅力。

激勵不僅僅是物質的，還包括精神的。精神激勵的形式又是多種多樣的，團隊口號就是一種有效的精神激勵方式。

團隊口號可以使團隊成員產生對團隊的歸屬感和自豪感，激發他們的工作積極性。因此，管理者要認識到口號的激勵作用，適時使用口號對團隊成員進行激勵。

心得欄 _____

_____

_____

_____

_____

_____

4 想像的魅力

 遊戲人數：集體參與

 遊戲時間：15 分鐘

 遊戲材料：無

 遊戲場地：不限

 遊戲主旨：

這個遊戲有助於發揮學員的最佳水準，克服厭煩，幫助別人度過難關，激勵長期表現欠佳的員工，激發團隊的最佳績效，激勵大型組織中的成員，激勵銷售人員，檢驗人們的激勵能力。它讓學員體會到強有力的積極形象可以給人留下強有力的積極的感覺。

 遊戲方法：

讓學員閉上眼睛，進入放鬆狀態。接下去，覆述下面的內容，帶他們進入想像之國度：

現在你正舒舒服服地坐著，請仔細聽我的話，我將帶你踏上美妙的旅程。現在只是放鬆，自由地呼吸，心無雜念。集中注意力於

我的話和語音。好，我們上路了……

　　你感到平靜和舒適。聽你自己深長和自如的呼吸……眼睛繼續閉著，身體放鬆，慢慢地感覺週圍的情況。一個美麗的場景正在浮現……你看到了雲柔柔的、白色彩的雲到處都是。你處在天空中，高高在上。你感覺自己在天空中飛翔，瀟灑自如地飛動。在空氣中往前飛的時候，你感到涼風輕輕拂著你。

　　現在往地面上看。你看到了下面蜿蜒起伏的宏偉青山。遠處，你發現群山後面矗立著一座壯觀的城堡的輪廓。你飛得近了一些，這時你看到這座城堡是由灰色的石頭建成的。你離得更近了，你正盤旋在皇家宮廷的上方，這個庭院週圍遍佈壯麗的紅旗。你有一種預感，預感什麼事情會發生。你接近院子後面城堡的大塔樓，你看到了城堡的牆上裝飾著色彩美麗的玻璃窗。一扇大窗戶是開著的。你從窗戶飛進塔樓，你身下是一個大廳。當你再一次環顧大廳時，你又有了強烈的預感和好奇心。

　　大廳的天花板有 30 米高，牆上裝飾著各種顏色的大旗。天花板上懸掛著 12 個巨大的枝形吊燈，每個吊燈裏邊有幾百盞燈。下面是一個長長的餐桌，桌子四週的椅子旁邊站著 200 個身著彩裝的人。他們正在慶祝一個重要的日子，祝賀一個偉人。每個人都面向席中的主人，舉起他們手中的高腳杯。這裏流光溢彩、金碧輝煌、麗服盛裝、山珍海味應有盡有。你盤旋在空中，觀看這一盛況，你的興奮感在繼續增強。

　　慢慢地，你開始接近宴席的主人——坐在那裏的像帝王一樣的人。200 只酒杯舉向這個人，200 個客人為他讚美和祝酒。隨著祝酒聲越來越大，你最終發現大家都在讚美的那個人是你。你的心因

為自豪和激動而劇烈跳動。當祝酒聲變得幾乎震耳欲聾的時候，你已經融入那個軀體，現在你從桌首看著桌子，以及你的讚美者，200個人向你祝酒。當他們祝酒和鼓掌的時候，你關注他們的臉。自豪和快感溢滿你的全身……

現在慢慢地、慢慢地，保持自豪和滿意的感覺——漸漸地、漸漸地，睜開你的眼睛。

 遊戲討論：

1. 你對這場想像之旅，感覺如何？

2. 以後你能回憶起這個形象嗎？

3. 這對你有多大的幫助？

 遊戲總結：

1. 注意保持會場的安靜，聲音干擾會使這場美好的旅行大煞風景。

2. 這個遊戲可以起到很好的放鬆的效果，因為它使學員張開了想像的翅膀，幫助他們放鬆精神，儘快從疲勞的狀態中恢復過來。

3. 當引導學員想像萬千尊榮集於一身的時候，能夠增強他們的自信心，有助於日後的實際工作。

 培訓小故事

雷根的故事

　　一位 11 歲的美國男孩，一天同他的夥伴們在房子前的空地上踢足球，他們玩得很開心，也很投入。突然，男孩一個飛腳不小心踢碎了鄰居家的玻璃。為此，鄰居向他索賠 12.5 美元。闖了禍的男孩在向父親認錯之後，他的父親要他對自己的過失負責。他為難地說：「可我沒有錢賠人家呀！」「你沒錢，我可以借給你，但你必須在一年後還我。」男孩的父親說。從此，這個男孩每逢週末與節日都外出打工掙錢，從來沒有因為辛苦而停止過。

　　經過幾個月的艱苦努力，他終於攢足了錢還給了他的父親。這個男孩就是後來成為美國總統的雷根，在成年之後回憶起這件往事時他說：「通過自己的勞動來承擔自己的過失，使我懂得了什麼叫責任。」

　　勇於承擔責任是一個人有勇氣的表現，作為一個團隊中的成員，也必須培養自己這方面的品質。只有有了責任感，才能談及對企業的貢獻，談及成功。

5 激勵員工的妙處

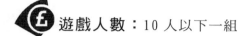 遊戲人數：10 人以下一組

遊戲時間：3 分鐘

遊戲材料：事先準備好的強化刺激用品

遊戲場地：不限

遊戲主旨：

　　這個遊戲採取正強化的方式，鼓勵學員保持好的狀態並繼續發揮這種狀態。

遊戲方法：

　　1. 向他們說明遊戲的獎勵機制，告訴學員他們是可以獲得這些獎勵的，只要他們做出積極的舉動。

　　2. 準備一些學員想得到的獎品(例如汽水、KTV 歡唱券)。

　　3. 為給予肯定或獎勵，使這種行為得以鞏固和持續。這種理論認為，如果某一行為獲得正面激勵，這一行為以後再現的頻率會增加。所以，如果培訓者想鼓勵學員繼續有益的想法或行為，有效的

方法是用正強化法對他們給予鼓勵。有時你會發現得到獎勵的學員會表現得更加積極，會有更好的想法。

4.作為培訓者應該及時地對學員的積極表現給予正面肯定，發獎品時也必須準確、慷慨。否則會打擊學員的積極性，並懷疑培訓者的信用。這種方法運用到工作中也是非常有效的。

培訓小故事

分粥的方法

有 7 個人組成了一個小團體共同生活，其中每個人都是平凡而平等的，沒有什麼兇險禍害之心，但不免自私自利。他們想用非暴力的方式，通過制定制度來解決每天的吃飯問題——要分食一鍋粥，但並沒有稱量用具和有刻度的容器。

大家嘗試了不同的方法，發揮了聰明才智，多次博弈形成了日益完善的制度。大體說來主要有以下幾種方法：

方法一：擬定一個人負責分粥事宜。很快大家就發現，這個人為自己分的粥最多，於是又換了一個人，總是主持分粥的人碗裏的粥最多最好。

方法二：大家輪流主持分粥，每人一天。這樣等於承認了個人有為自己多分粥的權力，同時給予了每個人為自己多分的機會。雖然看起來平等了，但是每個人在一週中只有一天吃得飽而且有剩餘，其餘 6 天都饑餓難挨。這種方式導致了資源浪費。

　　方法三：大家選舉一個信得過的人主持分粥。開始這品德尚屬上乘的人還能基本公平，但不久他就開始為自己和溜鬚拍馬的人多分。不能放任其墮落和風氣敗壞，還得尋找新思路。

　　方法四：選舉一個分粥委員會和一個監督委員會，形成監督和制約。公平基本上做到了，可是由於監督委員會常提出多種方案，分粥委員會又據理力爭，等分粥完畢時，粥早就涼了。

　　方法五：每個人輪流值日分粥，但是分粥的那個人要最後一個領粥。令人驚奇的是，在這個制度下，7 只碗裏的粥每次都是一樣多，就像用科學儀器量過一樣。每個主持分粥的人都認識到，如果 7 只碗裏的粥不相同，他確定無疑將享有那份最少的。

心得欄

激勵士氣的啦啦隊

 遊戲人數：

（用於大型會議活動）每組 40 人以上，平均每 40 人的小組派出 10～20 人為啦啦隊

 遊戲時間： 30～45 分鐘

 遊戲材料： 各種顏色的尼龍繩，每色兩捲

 遊戲場地： 空地或大會場

 遊戲主旨：

這個遊戲適用於大型活動的開始，能夠鼓舞團隊士氣，使活動更加有聲有色，同時還可以開發參加者的才藝潛能，幫助他們發現不一樣的自己，以增強自信，提高工作積極性。

 遊戲方法：

1. 每組派出 10～20 人組成啦啦隊，由組長編排舞蹈及臺詞。
2. 各組啦啦隊表演自己組的舞蹈。

遊戲討論：

1. 作為小組組員，你們是否想過啦啦隊是怎樣鼓舞現場氣氛的？你們組的行動是否按照這個主旨展開的？

2. 作為組長，你是怎樣激發組員？碰到不配合的組員，你是怎麼處理的？

3. 演出後，你對於啦啦隊的認識是怎樣的？它的角色是否重要？

 遊戲總結：

1. 在大型活動上演出不是一個輕鬆的任務，特別對於非專業的人員，讓他們表演就需要更有效的激勵法。如何激發參加者的情緒，如何發揮他們的專長，如何使他們互相配合等等，都是組織者應該面對的考驗。當真正演出時你就會發現，同樣是表演節目，如果你們的啦啦隊表現得別具特色，就會更加激勵你的隊員，讓他們更加熱情地投入。

2. 作為一個團隊，需要分工和協作。作為組長，要充分瞭解每個隊員的特長在那裏，儘量避免將人安排在不合適的位置上，這樣會影響隊員的情緒和演出效果。作為隊員也要積極配合組長的調遣，主動展示自己的特長，努力配合大家，充分展示自己。每個隊員的一點努力都會促進演出的順利完成。

3. 在演出的過程中，每組沒能參加演出的人都要熱情地為隊員加油，讓同伴感受到團隊的存在，也可以幫他們增強自信。組長可以想出一些響亮又高昂的口號，既可以增強演出的氣勢，也能體現

團隊的精神風貌，對演出有神奇的貢獻。

 培訓小故事

漁夫和魚的故事

　　許多年前，重量級拳王彼德在例行訓練途中看見一個漁夫正將魚一條條地往上拉。但彼德注意到，那漁夫總是將大魚放回去，只留下小魚。彼德好奇地上前問那個漁夫為什麼只留下小魚，放回大魚。漁夫答道：「老天，我真不願這麼做，但我實在別無選擇，因為我只有一個小鍋子。」

　　在你大笑之前，我有必要提醒你，這個故事實際是在講你呢！許多時候當我們想到一個大的主意時，往往會告訴自己：「天啊！可別來個這麼大的！我只有一個小鍋子啊！」我們更常常自我安慰道：「更何況如果是一個好主意，別人早該想到了。就請賜給我一個小的吧！不要逼我走出舒適的小圈子，不要逼我流汗。」

　　在我們每個人的生命中，都會面臨許多「害怕做不到」的時刻，因而畫地自限，使無限的機會付諸東流。

7 找出隱藏的一支腿

遊戲人數：集體參與

遊戲時間：10 分鐘

遊戲材料：無

遊戲場地：不限，最好在戶外

遊戲主旨：

本遊戲通過講故事的形式，讓學員理解「激勵」的重要性。

這個故事採取生動的比喻，將管理學中的「激勵」向學員娓娓道來，並對他們的行為有所啟發，這種遊戲可以用於培訓的中間階段，當培訓者發現學員的學習積極性和接受力下降時，可以通過講這種小故事來緩解壓力。

遊戲方法：

1. 讓學員們坐好，儘量採用讓他們舒服和放鬆的姿勢。

2. 培訓者給學員講述如下的故事：

為鴨子有兩條腿而鼓掌

李先生素來是個嚴肅的人，他很少誇獎別人。一天他在家吃晚飯的時候突然發現桌子上的北京烤鴨只有一隻腳。他於是感到非常奇怪，於是就問他的妻子：

「為什麼這個鴨子只有一隻腳？」

「這有什麼奇怪的？我們所有的鴨子都只有一隻腳。」妻子回答說。

「我不信，所有的鴨子都有兩隻腳，為什麼我們的鴨子只有一隻腳？」李先生反問。

「要是不相信我，就到花園去自己看吧！」李太太說。

於是，李先生衝到花園仔細看了看自己所有的鴨子。由於所有的鴨子都在睡覺，所以都是用一條腿站著而把另外一條腿藏在羽毛裏了。所以，他們看上去都像是只有一隻腳。

李先生於是想起了一個好主意。他於是朝著鴨子大聲鼓掌，所有的鴨子都驚醒了，然後把第二隻腳放下了。李先生於是得意地對妻子說：「看見了吧，他們是不是有兩條腿？」

李太太看了他一眼說：「是的，他們有兩條腿。所以你以後如果希望烤鴨都有兩條腿，你就應當多鼓鼓掌！」

3.講完故事後，讓學員們就此故事展開討論，讓他們講講聽完這個故事後得到什麼啟發。

遊戲討論：

1. 你覺得這個故事怎麼樣？

2. 從這個故事中，你得到什麼啟發？

3. 你對「激勵」有什麼新的認識嗎？

 遊戲總結：

1. 這是一個很有寓意的故事。故事中鴨子的兩條腿代表了一個人本來具有的潛能，之所以沒被人發現，是因為他們把一部份潛能隱藏了起來。作為管理者，要隨時注意發掘員工的潛能，採用一些激勵的方法，幫助或鼓勵他們將自己的長處和潛能展示出來。故事中的人用拍巴掌的方式看到了鴨子的另一隻腳，運用到實際中就代表了為員工鼓掌，這種鼓勵的方式就是一種非常有效的激勵方式，一定會得到員工的正面反應。

2. 引導學員瞭解這一層意思之後，可以鼓勵他們多想一些激勵的方法。這個環節本身就是一個激發學員潛能的例子。讓學員們自己想一些激勵法也可以幫助他們加深記憶，以便將這種理念帶回到工作中去。

 培訓小故事

機智的割草男孩

一個男孩給林太太打電話——「您需不需要割草？」

「不需要，我已經僱用了割草工。」

「我會額外幫您拔掉花叢中的雜草。」

「我的割草工也做了。」

「我還會幫您把這些草與走道兩邊的草割齊。」

「我的割草工已經做了，謝謝你，我不需要新的割草工人。」

男孩掛斷了電話，男孩的室友疑惑地問道：「你不就是林太太的那位割草工嗎？為什麼還要打這個電話？」

男孩告訴他：「我只是想知道我做得有多好！」

心得欄 _____

_____

_____

_____

_____

_____

8 掌聲響起來

 遊戲人數：集體參與

 遊戲時間：2分鐘

 遊戲材料：無

 遊戲場地：不限

歡快鼓舞的情緒，有助於在會議（或者初見面）的一開始創造出一個蓬勃向上的氣氛。

 遊戲方法：

1. 走進與會人員聚集的房間，然後讓每個人都站起來並張開雙臂（人與人之間大概空出一臂的距離）。

2. 告訴他們，為了使他們的頭腦清醒，並儘快地消化理解你在課程中掌握的知識，你現在要先帶他們做一個有趣的試驗，本試驗可以幫助他們在課程開始的時候集中注意力。

3. 請大家向兩側伸展雙臂，然後迅速拍手，然後再伸展雙臂，重覆這個動作10次，動作要快。

4. 問問與會者他們的感覺如何，告訴他們你的感覺很良好，因

為這是這麼多年以來，你第一次採用鼓掌的方式開始課程的。

 遊戲討論：

遊戲結束後，你有沒有一種被激勵的感覺？

 遊戲總結：

1. 本遊戲可以營造出一種輕鬆愉快的氣氛，有助於學員之間的相互溝通以及以後的團隊合作。

2. 當大家一起做這個遊戲的時候就能把每個人的興奮點挑起來，使得大家都能集中精神注意聽下面的課程，這是一個激勵大家記憶力的好方法。

 培訓小故事

松下吃牛排的故事

素有「經營之神」之稱的日本松下電器總裁松下幸之助有一次在一家餐廳招待客人，一行 6 個人都點了牛排。等 6 個人都吃完主餐，松下讓助理去請烹調牛排的主廚過來，他還特別強調：「不要找經理，找主廚。」助理注意到，松下的牛排只吃了一半，心想一會兒的場面可能會很尷尬。

主廚來時很緊張，因為他知道請自己來的客人來頭很大。「是不是牛排有什麼問題？」主廚緊張地問。「烹調牛排，對你已不成問題，」松下說，「但是我只能吃一半。原因不在於廚藝，

牛排真的很好吃，你是位非常出色的廚師，但我已 80 歲了，胃口大不如前。」

　　主廚與其他的 5 位用餐者困惑得面面相覷，大家過了好一會兒才明白這是怎麼一回事。「我之所以想當面和你談，是因為我擔心當你看到只吃了一半的牛排被送回廚房時，心裏會難過。」

　　如果你是那位主廚，聽到松下先生的如此說明，會有什麼感受？是不是覺得備受尊重？客人在旁聽見松下如此說，更佩服松下的人格，並更喜歡與他做生意了。

　　真情的關懷，善意的溝通，將會贏得部屬的好感與信任，並最終讓整個團隊充滿和諧友好的氣氛。

9 怎樣製造出巨人

遊戲人數：一組 10 人

遊戲時間：20 分鐘

遊戲材料：

　　每組 100 個氣球，一個氣筒，一套小丑戲服

遊戲場地：不限

 遊戲主旨：

　　這遊戲需要學員發揮想像力和創造力，與其他學員合作完成一個作品，讓學員們在協作和競爭中增進瞭解，增加團隊凝聚力，它還激勵學員學會就地取材以達到目標，以及如何利用最經濟的資源辦事。這種種訓練都將影響他們日後的工作，幫助他們提高解決問題的能力和提高工作效率。

 遊戲方法：

　　1.培訓者將學員分成 10 人一組，發給每組 100 個氣球，氣筒一個，小丑戲服一套。

　　2.每組需要選出一個學員做模特，其他組員的任務就是利用氣球把這個模特裝扮成「小組巨人」，使他越魁梧越好，再幫他穿上小丑的戲服。

　　3.時間是 15 分鐘，之後，每組的小組巨人需要站在前面供大家評價，選出最強壯的一個。

 遊戲討論：

　　1.你是用什麼方法使「小組巨人」變強壯的？

　　2.在遊戲中，看見其他組的「巨人」更加強壯時，你們這組有什麼反應？

遊戲總結：

1.每人都知道怎麼使「小組巨人」變得強壯，都是設法讓他的四肢、腰部和胸部發達起來。可是，每個小組都忽視了一個問題，就是怎樣將這些氣球固定在人的身上。要注意，我們並沒有提供繩子，因此每個小組不要急著把所有氣球都吹鼓，而應該留一部份作其他之用，例如充當繩子。

2.你們組是怎樣分工的呢？不會是一窩蜂的全無章法可言吧。應該先分配好誰給氣球吹氣，誰綁紮氣球，誰來武裝「小組巨人」。這種有條理的分工，將大大提高速度和效率，且思路很清晰，不會做無用功。

3.不要一味追求讓人變得強壯，也要考慮到氣球的承受力，否則氣球吹得過鼓很可能會爆的。

4.切忌吹起一個氣球就給穿一個，這樣做很浪費時間。不妨試試將很多氣球先做一件外衣，然後一起穿在「巨人」身上，這是不是很節省時間？而且還可以看出整體效果，及時做出調整。

培訓小故事

它原來是獅子

瑪麗家有一隻冠軍狗，這隻狗到處找別的狗打架，它無往不勝，頗為洋洋自得，因此冠軍狗總是很囂張地向居住區裏新來的狗挑釁。一天，瑪麗牽著冠軍狗在公園裏散步，偶遇了貝

蒂，她牽著一隻體型龐大的狗。由於從未見過這隻狗，冠軍狗不停地吠叫，挑釁之心畢露無遺。瑪麗想：貝蒂總是處處跟我比較，如果我的冠軍狗把貝蒂的狗打敗，那一定很威風！於是，瑪麗對貝蒂說：「不如讓這兩隻狗比賽一下怎麼樣？」

貝蒂遲疑了一下：「這樣有些不妥吧！」

瑪麗說：「你放心，如果我的狗真的要傷害你的狗，我會制止的。」

貝蒂仍然遲疑，在貝蒂遲疑的瞬間，兩隻狗竟然打了起來，沒多久，冠軍狗就敗下陣來，垂頭喪氣地躺在地上。

瑪麗驚愕地問：「貝蒂，你家的狗是什麼品種？」

貝蒂說：「它的毛沒被拔掉之前，人們都叫它獅子。」

冠軍狗由於只看到「獅子」的外在表現，便魯莽地向其挑釁，卻不知道它挑釁的物件雖然具有狗的外貌，但在角色認知上卻是一隻獅子。管理者在面試招聘時，只從知識和技能的層面考察應聘者，罔顧了應聘者的內在本質特徵，與冠軍狗所犯的錯誤如出一轍。

10 如何改善工作環境

遊戲人數：集體參與，每組 8～10 人

遊戲時間：20～30 分鐘

遊戲材料：紙筆

遊戲場地：不限

遊戲主旨：

在工作中，每人都有激勵自己的方法，本遊戲就列舉幾種在工作場合激勵自己的具體方法。

遊戲方法：

1. 培訓者將參與者分成幾個小組，讓他們花 20 分鐘的時間列出能夠在工作場所激勵自己的方法。

2. 先讓人們在一起工作幾分鐘，然後讓他們單獨工作幾分鐘，再讓他們回到集體中去。

3. 各個小組都完成之後，讓各小組的代表與大家分享他們的結果，並就提高工作激勵的具體方法展開討論。

4.條件允許的話，你可以收上他們列出的清單，並將它們匯總，然後將它們分發給每個參與者。

 遊戲討論：

1.你賴以提高個人激勵的主要理念是什麼？

2.描述可以提高個人激勵的一些具體方法。

3.描述可以通過培訓和激勵管理者，來更有效地提高個人激勵的一些具體方法。

4.提高工作激勵的合理時間表是什麼樣的？

5.你對實現這些改變的樂觀程度如何？請解釋一下原因。

 遊戲總結：

1.如何激勵員工，是管理思想的重要內容，只有及時地激勵你的員工，讓你的員工隨時保持鬥志昂揚的姿態，才能使他們發揮出最大的創造力，為公司創造出更高的利潤，所以本遊戲實際上為主管人員提供了一個瞭解員工和學習激勵方法的機會。

2.員工鬥志的養成需要一個企業大環境的配合，只有整個環境是一個積極向上的環境，員工才能感受到主管人員對他們的激勵。

 培訓小故事

國王重金買千里馬

一位國君願意出千兩黃金買一匹千里馬，然而三年時間過去了，國君始終沒有遇到真正的千里馬。後來，國君的一位手下自告奮勇，說自己能買到真正的千里馬。手下用了三個月的時間，打聽到某地有一匹千里馬，於是他攜帶著大量黃金去購買千里馬，然而，當手下找到千里馬的時候，馬已經死了。手下把五百兩黃金交給了馬的主人，買下了馬的骨頭。手下回去後，國君看到一堆馬骨頭，不禁勃然大怒：「我要的是活的千里馬，你花那麼多錢買回這堆馬骨頭，有什麼用？」

手下回答道：「您捨得花五百兩黃金買一堆馬骨頭回來，還擔心買不到真正的千里馬嗎？」

果真，不到一年時間，就有人送來了三匹千里馬。

「重金買骨」，表面上是購買馬骨，實際上購買的是「天下千里馬的歸附之心」。

11 積極派和消極派

遊戲人數：11 人

遊戲時間：30 分鐘

遊戲材料：兩隻碼錶

遊戲場地：不限

遊戲主旨：

1. 讓遊戲參與者認識積極因素和消極因素對他人的不同作用所帶來的影響。

2. 讓遊戲參與者通過遊戲學會通過積極因素為他人樹立自信榜樣。

遊戲方法：

1. 培訓師和學員一起設計一件事情，在面對這件事情的時候，人很容易會不自信，對能否順利完成這件事情產生動搖。

2. 培訓師從學員中挑選一名志願者，告訴他現在他正處於這樣的情況下，需要面對這件事情。

3.將其他學員分成兩組。

一組為「積極派」，他們需要給出各種各樣的建議和理由，幫助志願者建立自信，提高志願者的積極性，說服志願者開始做這件事情。

另一組為「消極派」，他們要想出做這件事情的一切不利因素，打擊志願者，使其喪失自信心並最終放棄這件事情。

4.「積極派」和「消極派」分列在志願者的左右兩邊，並分別列舉各種理由來說服他。

5.在說服的過程中，雙方交替發言，且每次只能有一人發言，發言者可以辯駁對方的觀點。

6.每次發言不能超過 1 分鐘，每組累計發言不能超過 10 分鐘。

7.兩方發言完畢，由志願者決定聽從哪一方的意見，並陳述理由。

遊戲討論：

1.志願者為什麼會聽從這一方的意見？他們的意見強化了還是改變了你的想法？

2.如何你是志願者，你認為什麼樣的理由能夠打動你？

3.是否存在這樣的情況，「消極派」的某些理由反而會促成志願者積極去做這件事？

4.應該如何增強志願者的自信心？還可以有哪些理由或論據？

遊戲總結：

1.行為和效果有時候是由人的心態決定的，積極的心態往往會產生積極的效果，消極的心態往往會產生消極的效果，管理者要幫助下屬調整好心態。

2.自信是成功的秘訣，持久的自信就是一種成功。管理者需要幫助下屬建立自信，從而使其更加堅定地走向成功。

 培訓小故事

誰是真正的獅子

一隻小獅子被運到了一個動物園裏，它很興奮，因為終於有很多的遊客能夠見識他林中之王的威力了。小獅子的隔壁是一隻病快快的老獅子，它一上午只是死氣沉沉地趴在地上睡覺。小獅子認為它的尊容實在有損獅子的王威，不禁自言自語道：「它哪配得上『獅子』的稱號啊，簡直就是一隻病貓。」

小獅子覺得自己有義務展示獅子的威風，於是便不停地向遊人咆哮著，似乎想衝破籠子的禁錮。

終於到了中午吃飯的時間，飼養員帶來了兩隻獅子的午餐，他將一大塊肉扔進了老獅子的籠子裏，扔給小獅子的只是一些堅果和香蕉。小獅子很憤懣，生氣地對老獅子抱怨：「為什麼我會受到這麼不公平的待遇？我的表現才像隻真正的獅子，而你除了睡覺什麼也沒幹！」

老獅子緩緩地睜開了眼睛，慢悠悠地對它說：「你是新來的，還不瞭解這裏的情況，這個動物園很小，他們養不起兩隻獅子，所以在動物園的名冊上，你還只是一隻猴子。」

12 找出打擊團隊的魔鬼

遊戲人數：集體參與

遊戲時間：30 分鐘

遊戲材料：魔鬼信函，魔鬼面具

遊戲場地：空地

遊戲主旨：

本遊戲可找出不利於團隊發展的不利因素，打擊團隊中有妨礙團隊協作的心理和行為表現的「魔鬼」，使學員不誤入團隊的陷阱。

遊戲方法：

1. 選擇×位成員扮演魔鬼（根據學員人數確定），並帶上魔鬼面具，在面具裏藏一封或幾封培訓師準備好的關於團隊的魔鬼信函。

2.魔鬼在成員中出沒(來回走動),儘量抓住其中的成員,使全體成員分成×組。

3.小組成員去摘下魔鬼面具,取出魔鬼信函。

4.各小組成員分別將魔鬼信函所示情境分析剖析。

5.小組成員說明魔鬼信函的內容,並共同將團隊中非理性想法改成團隊中的理性想法。

6.各小組將魔鬼信函的解析與轉換,與全體學員分享,成員是否瞭解什麼是團隊中非理性的想法及其影響。

 遊戲討論:

1.這個遊戲給你什麼樣的感受?

2.團隊成員常有的非理性想法有那些?(理性想法)隱含的公式是什麼?

 遊戲總結:

1.在一個團隊中,不可能總是存在著正面情緒的影響,總是會有一些灰色消極的因素影響其中的某些人,進而影響整個團隊的效率。

2.如何找出這些魔鬼,然後將其消滅?本遊戲也許可以提供一些可能的方法。

3.對於一個團隊的主管來說,應該隨時對自己的下屬保持足夠的關注,一旦他們有人出現負面情緒就要有所察覺,以便及時進行處理,盡可能的激勵他們重新回覆到積極自信、創造力非凡的境地。

附件：魔鬼信函，魔鬼信函解析表

例一：魔鬼信函 1

我希望我的人際關係很好，我很想得到別人的喜愛，我應該得到每個人的喜愛和讚美。但昨天總經理說我的桌子太亂，我覺得一切都白費了，我根本就不受重視，他一定不喜歡我。

解析與轉換

A.昨天，總經理說我桌子太亂

B.我應該得到每個人的喜愛和讚美

C.我不受到重視，我覺得好失望(自卑的)

一切努力都白費了(沒有信心)

他一定不喜歡我，我沒有價值(否定自己)

RB 我喜歡得到每個人的喜愛和讚美

我能有時得到別人的喜愛和讚美，當……(以事實為基礎)

依次，有時我無法得到別人的喜愛和讚美(防止情緒困擾產生)

例二：魔鬼信函 2

我是一個主管。我必須很能幹、很完美，並且在各個方面都有很好的成就。可是，上一次開會的時候，我太累了，做結論時，我講錯了一句話，他們在底下嘲笑我。哎！身為主管竟然犯下這樣的錯誤，真是太丟臉、太失身份了。講話都講不好的人，一定不會得到尊重，我真沒用。

解析與轉換

A.上次，作結論時我說錯了一句話

B.我必須很能幹、很完美、永遠不犯錯誤

C.太丟臉了，太失身份了，我覺得很懊惱

RB 我希望我能表現得很好，做個稱職的主管(合理的公式)

若是時間充裕、準備週詳、精神飽滿、信心十足，我可能表現得令自己滿意。

一次行為不能代表我整個人(以事實為基礎)

不一定每個人都在嘲笑我(防止情緒困擾)

魔鬼信函解析與轉換表

情境事件是什麼？(Activating Events)

對此事件的想法是什麼？(Belief Svstem)有那些非理性的想法？

所引起的情緒結果是什麼？(Emotional consequence)

理性的想法 RB 是什麼？(Rational Belief)

培訓小故事

老虎的朋友

作為森林王國的統治者，老虎幾乎飽嘗了管理工作中所能遇到的全部艱辛和痛苦。它終於承認，原來老虎也有軟弱的一面。它多麼渴望自己可以像其他動物一樣，享受與朋友相處的快樂；能在犯錯時得到哥們兒的提醒和忠告。

它問猴子：「你是我的朋友嗎？」

猴子滿臉堆笑地回答：「當然，我永遠是您最忠實的朋友。」

「既然如此，」老虎說，「為什麼我每次犯錯時，都得不到你的忠告呢？」

猴子想了想，小心翼翼地說：「作為您的屬下，我可能對您有一種盲目崇拜，所以看不到您的錯誤。也許您應該去問一問狐狸。」

老虎又去問狐狸同樣的問題。狐狸轉了轉眼珠，討好地說：「猴子說得對，您那麼偉大，有誰能夠看出您的錯誤呢？」

13 大力水手的減輕壓力

遊戲人數：集體參與

遊戲時間：5～10 分鐘

遊戲材料：無

遊戲場地：不限

遊戲主旨：

充分的呼氣，可以幫助我們克服焦慮和對失敗的擔憂，減小壓力，幫助自己度過難關。

遊戲方法：

1. 首先，培訓師向大家解釋原理：當我們處理的問題變得棘手時，我們的呼吸常常會變淺，也就是說，我們過分地依賴陳舊空氣。有意識地控制呼吸是控制自己心情的有效方式，確保你不時地充分呼氣，是保證你血液中氣體混合比例正常的最簡單方法。

2. 給大家增加一些趣味，讓他們唱《大力水手歌》，當歌曲出現「噗噗」節奏時，做「兩次呼氣」。把歌唱上幾遍，伴隨著拍手、

做手勢以及身體活動。基本的歌詞如下：

　　我是大力水手波普耶，（噗噗）

　　我是大力水手波普耶，（噗噗）

　　我是最強壯，

　　因為我吃了菠菜，

　　我是大力水手波普耶！（噗噗）

　　3.接下去，培訓者向大家介紹和演示「兩次呼氣法」。當你使勁將你肺中的空氣呼出的時候，肺裏還殘留著一些空氣沒有呼出，在兩次呼氣法中，我們盡力先呼出全部空氣，在吸入空氣之前，我們再用力地呼氣一次。由於腹部吸進，所以身體這時有點蜷縮。但這樣做的意義在於重新調整呼吸系統，從而讓你不再依賴陳舊空氣。讓大家開始做。

 遊戲討論：

　　1.淺呼吸的危害是什麼？過深吸氣的危害是什麼？

　　2.在什麼樣的場合下，你更有可能不適當地呼吸？你應如何利用兩次呼氣法作為快速的矯正措施？

　　3.兩次呼氣需要多長時間？你會在一天中的那個時候用它？

 遊戲總結：

　　1.現代人面對各種壓力，無法放鬆自己，由此產生了很多各式各樣的都市病，產生了很多社會問題，其實有時候只要學會適當的放鬆自己，沒有什麼事情是真正大不了的，也沒有什麼焦慮是過不去的，關鍵是看你肯不肯去深呼吸一下。

2.對個人來說，焦慮和緊張是有害的，對一個企業來說同樣如此，如果一個企業的員工經常處於一種焦慮不安的情緒下，她是無法進行正常的生產和營業的，所以如何使自己的員工隨時保持鬥志昂揚的狀態也是每一個主管應該注意的問題。

 培訓小故事

對低績效員工不宜心軟

一架拖車行走在高速公路上，車上載著一隻狗、一隻豬和一匹馬。不久，拖車失控，被撞翻在地，狗、豬、馬和司機同時被拋出了拖車。一會兒，一個員警趕到，他首先看見了那隻狗，搖搖頭說：「脖子斷了，太可憐了。」於是掏出槍把它殺死。接著他又靶到了那隻豬，見到豬的脊樑骨都碎了，又掏出槍把它殺了。爾後，他又見到了那匹馬，看著馬的四條腿骨頭都折斷露了出來，搖搖頭又把馬殺了。這一切都被司機看得真真切切。

最後，員警發現了司機，走過去，問：「你覺得怎樣了？」

只見司機強撐著站起來說：「我從來沒有覺得如此好過。」

員警殺死動物的行為確實殘忍，但是面對組織中的低績效員工，管理者卻需要具備員警魄力：當績效低的員工無法在管理者的指導下改正工作行為時，管理者即使心有不忍，也只能對其實施解雇。這不僅有助於提升公司的人力資源素質，還會使其他的員工引以為戒，避免了員工的怠工行為。

14 勝利逃生牆

 **遊戲人數：**
全體參與，但以不超過 30 人、不低於 10 人為宜。

遊戲時間：進行 40 分鐘，討論 40 分鐘。

遊戲材料：備用繩索或扁帶、裝學員隨身硬物的筐子。

遊戲場地：具備可以進行遊戲的堅固高牆的場地。

遊戲主旨：

　　當面臨危機時，人們往往會表現出兩個方面的態度：一方面是進取意志強烈、百折不撓；另一方面則可能萎縮退後、頹廢不堪。意志是繼續前進的關鍵，提升學員意志，也是拓展培訓活動一直以來的基本核心。本遊戲通過一種緊張絕望的環境設置，將學員的進取意志激發出來，完成看似不可能的任務。本遊戲經常作為壓軸培訓項目，所以也叫做畢業牆或者勝利牆。

遊戲方法：

　　這是一個體現團隊合作意義以及激發團隊榮譽感的遊戲。

1. 本遊戲需要一面高 4～4.5 米，寬 3～4 米的高牆作為活動場所；如果女性學員過多，可以稍微降低高度，但一般不低於 4 米。

2. 活動之前，培訓師安排好必要的安全保護措施，如牆下面需要 2～3 塊厚海綿墊進行緩衝。

3. 這是一個所有學員全體參與的項目，活動開始之前，學員需要跟著培訓師進行一些熱身運動，保證身體對適度運動的承受。

4. 講解規則之前，培訓師準備一個筐子將學員身上攜帶的所有硬物和尖銳物收集起來統一保管，例如手錶、眼鏡、髮卡、戒指、鑰匙等，如果穿的鞋是硬底鞋或者膠釘鞋，必須脫掉才能參與。

5. 講解遊戲規則：

· 現在我們位於一艘緊閉船艙的海輪之中，因為海輪觸礁發生漏水，所以不能作為承力的繩索使用，同時也沒有其他材料可供使用。

· 根據估計，最多只有 40 分鐘，海水就會漫過一些阻擋進入船艙，如果那時還有人沒有攀過高牆，就再也沒有機會了。

6. 遊戲規則講解之後，先不宣佈遊戲開始，培訓師必須著重講解安全注意事項（參見附錄），並且需要詢問全體學員，大家都明確之後，方可宣佈遊戲開始。

7. 遊戲開始之後，培訓師只能提供安全方面的監督和建議，不得參與和干預對行動方案的討論。

8. 如果學員提出了違反安全原則的方案，培訓師需要進行制止，並且提醒他們，如果他們採取不安全的方案，就會發生不但翻不過高牆反而會提前受傷的情況，一旦發生，就只能在暗艙中等待海水淹沒了。

9. 學員開始嘗試之後,培訓師分配相關的工作人員作為週邊保護。

10. 在學員多次嘗試失敗之後,培訓師可以根據時間過去的程度給予適當的提示或者技巧說明;當學員有意放棄時,培訓師需要以各種鼓勵措施激勵學員繼續進行。

11. 培訓師注意監控時間,在過半之後的逢 5 時間段給以提醒,增加團隊緊迫感。

12. 當地面上的人數少於三人時,培訓師和安全助理可以適當給予幫助,但仍然只作為輔助力量,主要的力量必須來自學員。

13. 全體學員在規定時間內完成之後,培訓師大聲宣佈結果,並且在學員下地的過程中,著重指示大家對在整個過程付出很多的學員進行英雄式歡迎。

遊戲討論:

1. 團隊花了多長時間來進行決策?屬於高效決策範圍嗎?

2. 團隊有沒有訂立預期目標?是否有人會被團隊放棄?例如體重過於龐大的學員。

3. 在嘗試多少次之後大家開始感到失望,出現放棄的念頭?什麼原因使得大家重新恢復信心?

4. 對於某些環節的困難,我們採取了那些辦法進行解決?是否取得了良好的效果?

5. 第一位攀上牆頭的學員對全體士氣的影響如何?是否可以完全抵消前面嘗試失敗所帶來的負面影響?

6. 對於團隊中付出特別多的學員,你們是怎麼想的?例如一直

當作人梯最底層的學員。

7. 從這個遊戲中，我們可以體悟到那些團隊精神的運用？在現實中是否可以同樣產生積極作用？

 遊戲總結：

1. 本遊戲屬於危險度較高的遊戲，所以培訓師在全程中必須嚴格監控，按照安全守則處理。

2. 遊戲開始時，學員們需要進行團隊決策得出一個可行性方案，但有時團隊過於注重理論的討論，以至於時間過去大半還沒有開始行動。這時培訓師可以適當進行提醒，一般需要至少 25 分鐘的嘗試和執行時間。

3. 一些不太有激情的團隊，可能會在短暫的嘗試失敗之後選擇放棄，培訓師要給以適當的鼓勵和提示。對充滿失敗情緒的團隊，要慎重使用激將法，免得弄巧成拙。

4. 對作為連接作用的學員，提醒其要將褲腰帶繫緊、衣服紮好。除非特殊情況，最好不要讓女學員作為連接部份。

5. 當第一個學員順利上去後，給以團隊鼓勵和信心，提示團隊成功的可能性大大加強了，以抵消前面因為嘗試失敗帶來的頹喪。

6. 對於最後一名學員，要給以充分的激勵鼓勵其勇敢嘗試。如果實在不行，可以悄悄告知可行方法，但最好是在多次嘗試失敗之後。本遊戲體現了多方面的意義。不僅給了團隊積極向上的壓力，同時也顯露出團隊合作的精神；團隊決策的有效性決定了任務完成的順利程度，有效的領導力是完成這一步的關鍵；團隊分工不同，有人需要付出多一些，有人則不必付出那麼多，團隊大局觀念時時

對學員產生激盪；有限的資源需要發揮最大的作用，團隊人員的安排也需要較高的技巧，如果最大體重的學員被留到了最後一個，則團隊任務完成的可能性就非常渺茫了。

7.如果有學員因為身體原因無法參與活動，可以讓其作為啦啦隊或者通過樓梯提前上去。

8.討論時，培訓師盡力鼓勵所有學員都發表感想。

附錄：「逃生牆」安全守則

1.嚴格清理活動場地，清除地面墊子上下及週圍的石塊、尖銳硬物。

2.保證牆體結實堅固。

3.在鼓勵全體學員參與的前提下，確認不適合參與學員的身體狀況，對於一些危險疾病，不得冒險。

4.充分帶領學員熱身。

5.當學員確定要採用搭人梯的方式時，提示要採用馬步站樁式，腰部挺直，手臂推牆形成反作用力保證人梯穩固。同時要安排專人輔助人梯學員的腰部。

6.學員攀爬人梯時，只能踩肩部和大腿，不得亂踩人梯學員的頭部、頸椎、脊椎和膝蓋。

7.學員互相拉持時，不能夠拉衣服承重，要用兩手手腕相扣的方式；只可垂直上提，高度合適時可以從側面拉腿而上。

8.嚴格禁止助跑起跳。

9. 儘量禁止學員上爬時蹬牆向上走。

10. 在墊子上時禁止從高處跳下，特別是對於有接縫的墊子，避免扭傷腳踝。

11. 如果搭建的人梯在承人時不能支持，必須大聲呼救，旁邊人員及時救援。

12. 所有學員要參與保護，作為保護的核心層；培訓師單獨安排的安全助理作為保護的週邊。

13. 保護人員要使用弓箭步的姿勢保持自己穩固，並能夠與被保護者有足夠近的距離。

14. 有人摔下時，下面的保護人員要注意順勢接住放到墊子上；當有人從牆上滑下時，可以順勢將其按在牆上然後緩慢放下，注意按時不要按在頭部。

15. 位於牆頭人員不能採取騎牆的姿勢，當伸出上半身拉人時，其後必須有人抱住其雙腿膝蓋部份實行保護。

16. 如果有牆頭上的學員採取倒掛的形式，培訓師必須親自檢查上方的保護，確保其每條腿都有兩人扶住膝蓋部份。

17. 對於培訓師不認可的安全行為，不得執行。

15 心情快樂大轉盤

遊戲人數：集體參與

遊戲時間：10 分鐘

遊戲材料：無

遊戲場地：教室

遊戲主旨：

人與人之間的交流，可以通過很多形式來達成，可以通過表情、動作和語言等等。人際交往可以說是上述方式的集合，缺少某一項都可能使交流受阻。

這個遊戲就是通過幾個步驟的訓練，讓學員體會表情、動作和語言在人際交流中的重要性。

遊戲方法：

1. 每人臉朝天花板，面無表情地隨意走動，遇人轉開。
2. 每人臉朝自己腳尖，面無表情地隨意走動，遇人轉開。
3. 每人臉朝他人臉，面無表情地隨意走動，遇人轉開。

4.每人臉朝他人臉，面帶微笑，隨意走動，遇人點頭。

5.每人臉朝他人臉，面帶微笑，隨意走動，遇人握手。

6.每人臉朝他人臉，面帶微笑，隨意走動，遇人點頭，心中說：「我喜歡你」。

7.每人臉朝他人臉，面帶微笑，隨意走動，遇人握手，口中說：「我喜歡你」。

遊戲總結：

1. 人與人之間的交往是一個很複雜的過程，兩個人從陌生到相識，需要運用很多方法來建立彼此的關係，這些方法包括語言、動作和表情等。如何運用這些方法是一門學問，那些在平時生活中就不苟言笑的人，常常被人認為是難於接近和不好相處的，這種認識無形中增加了他與別人交往的難度。

人都是感情動物，需要情感的表露來讓別人知道自己的心思，特別是在工作場合，如何運用溝通技巧來融洽同事關係和客戶關係是一門很大的學問。

3. 對於每個人來說，溝通技巧不是天生就掌握的，即使有些人在這面有天賦，也離不開後天的訓練。據說，不止人類，各種靈長類動物在幼年時都需要學習如何掌握自己的表情，在這方面欠缺的動物受到攻擊的幾率要大得多。可見交流技巧在交往中的重要。這個遊戲雖然簡單，卻讓學員一步步體會交流形式的豐富和必要，課後應該以此為啟發，思考該怎樣改進工作態度。

遊戲討論：

1. 當大家都面無表情的走動時，你是否感覺不自在，希望別人能衝你笑一笑呢？

2. 當別人主動向你打招呼或與你握手時，你是否很感動？

3. 從這個培訓遊戲中你體會到什麼道理？對你的工作是否有幫助嗎？

 培訓小故事

加薪紀念日

「約翰，你怎麼在上班時間喝酒，你知不知道這是違反公司制度的？」

「對不起，老闆，我只是想紀念我最後一次加薪 20 周年。」

合理而有競爭性的薪酬制度能激發員工的積極性和主動性，促使員工努力實現組織的目標，如果員工的薪酬如死水一般長期不變，獎金也如海市蜃樓般難以觸摸，將會增加員工的不滿意度，降低他們的工作積極性。

16 拋開你的煩惱

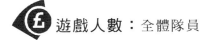遊戲人數：全體隊員

遊戲時間：

最短約為 5～8 分鐘；若時間充裕，可以長一些。

遊戲材料：紙、鉛筆、空盒子或其他容器

遊戲場地：室內

遊戲主旨：

幫助隊員找到對付問題的辦法。

遊戲方法：

1.向隊員宣佈他們現在有一個機會來「拋開」他們的煩惱。

請與會人員想出一個與正在探討的議題有關的問題或煩惱。請他們寫下他們各自的問題，無須署名，然後把紙揉成一團，丟進一個容器(放在房間角落的盒子)裏。如果人員較多，則在房間裏多放幾個容器。記住：不要用普通的廢紙簍，除非裏面是空的。

2.所有紙團都丟進容器後，請一位與會者揀起一個紙團，扔給

房間內的任意一人。接到紙團的人把紙團展開，大聲讀出上面寫的問題。

3. 然後（由接到紙團的人和其左右各一個人）形成一個三人小組。給他們「30 秒的中場休息時間」來討論可能的解決方式或答案。請其他人在這段時間寫下兩到三個答案或應對辦法。

4. 先請三人小組說出他們的答案，再請其他可以提供幫助的人說出答案。

遊戲總結：

大家心中的問題大多是隊友都存在的問題，形成交流之後，有些焦慮立即就從心中消失了。

有些問題的確是現實中存在的問題，許多人都沒有想到，交流之後順利解決，所有隊員都是受益者。

誘餌的作用

一位妙齡女郎在動物園裏閒逛，她走著走著，來到了猴子園，然而她如沒有看到一隻猴子。

「今天猴子們都跑到哪兒去了？」

「現在是交配時期，它們都回到洞裏去了，

「如果我丟些花生給它們·它們會不會出來呢？」

「我不知道，」管理員說，「如果是你，你會嗎？」

在員工激勵方面，物質激勵並不具有長久的效用，當物質的需要被滿足後，只有進而滿足員工更高層次的需要，才能產生激勵效果。

17 鳳梨和蘋果

遊戲人數：集體參與

遊戲時間：15 分鐘

遊戲場地：不限

遊戲主旨：

這個遊戲是通過不斷問答的形式，增加了對學員的干擾。對於幫助學員練習記憶力是有效的。

遊戲方法：

1. 全體學員圍成一圈，依序傳話。

2. 訓練師先和相鄰的人進行演示：

訓練師：「這是蘋果」。

相鄰的人回答：「什麼？」

訓練師：「蘋果。」

相鄰的人回答：「謝謝！」

3.回答完這一對話程序,由相鄰的人(甲)開始問他的下一個同伴(乙)相同的問題：

甲：「這是蘋果。」

乙：「什麼？」

甲(對訓練師說)：「什麼？」

訓練師：「蘋果。」

甲：「蘋果。」

乙：「謝謝！」

4.將此對話一直持續下去,最終傳到訓練師;同時訓練師向另一個方向相鄰的人傳遞鳳梨,這樣兩句話就朝相反的方向進行傳遞。

 遊戲討論：

1. 一開始你們是否覺得這個遊戲太簡單了？可是一直堅持下來的有幾個呢？

2.從這個遊戲中得到什麼啟發？

 遊戲總結：

1.這是一個非常有趣和複雜的遊戲,訓練師應該提醒對話過程中的回答的規律,要求參加培訓的人員有特別高的注意力和反應能力。

2.培訓師要密切注意對話的流向,特別是蘋果和鳳梨的走向。

3.可作為晚會遊戲或者暖場遊戲。對於發生回答錯誤的學員，可以適當做些懲罰。

 培訓小故事

引進「鯰魚」激勵員工

一位推銷員成功地將一台電腦推銷給了一家出版公司。幾個月後，他再次到那家公司拜訪，他發現，那台電腦被放置在辦公室的一個角落原封未動，推銷員很好奇，他問道：「這台電腦有什麼問題嗎？」

總編輯說：「沒問題，它幫助我們提高了產量和效率！」

「究竟是怎麼回事？」

「每天早晨，我都警告我們的員工，如果你們不加倍努力，那台電腦就會取代你們！」

管理者如果能告訴員工，假如他們不努力工作，他們今天的職位便會被其他人所取代，往往能激發出員工乃至團隊的最大活力。

18 你敢設計自己的墓誌銘

💷 **遊戲人數**：集體參與

💲 **遊戲時間**：30 分鐘

🎯 **遊戲材料**：紙上畫的墓碑，水筆

✈ **遊戲場地**：不限

€ **遊戲主旨**：

　　每個人都有夢想，希望自己有生之年能夠做成事情，在自己的墓碑上寫上一筆，讓後人記住這個名字，這個遊戲就是給你一個給自己設計人生的機會。

　　激發人們對自己的審視，對於理想和夢想的激情，溝通技巧的訓練，創新思維訓練。

✈ **遊戲方法**：

　　1. 發給每個人一張已經設計好的墓碑(白紙上畫的)，讓他們將姓名寫在墓碑的上半部份，最好是綽號或昵稱。

　　2. 讓他們在墓碑的下半部份寫上他們將來的墓誌銘，形式內容

不限，但應該是對他們一生的精煉描述。

　　3.讓大家彼此參觀一下各自的墓誌銘，大家評判出一個最好的墓誌銘，給獲勝者以獎勵。

 遊戲討論：

　　1.在設計自己的墓誌銘的同時，你是否也在設計著自己的夢想？

　　2.相互觀賞墓誌銘的時候是否也加強了你和同事們之間的溝通？

　　3.什麼樣的墓誌銘最吸引你的注意，這個墓誌銘想告訴你什麼？

 遊戲總結：

　　1.墓誌銘作為對一個人的人生寫照，墓誌銘會給予每個人一個機會，一個審視自己、認識自己的機會。

　　2.墓誌銘實際上就是一個人對他自己的寫照，寫下不同墓誌銘的人會有不同的性格。

　　3.例如有些人可能會說：「這裏躺著一個曾經給人們帶來快樂的人」，你就可以看出他很開朗。例如說：「我告訴過你我生病了」，你就可以體會到這個人的幽默感。

　　4.看見一個人的墓誌銘也就在一定程度上認識了這個人，彼此參看一下互相的墓誌銘，會有助於同事們之間的溝通和交流。

培訓小故事

用榜樣人物激勵員工

　　天氣酷熱難耐，約翰騎著一頭駱駝在公路上閒庭信步地走著。這時，有一輛汽車從他們後面行駛過來，約翰從駝背上翻了下去，他衝著汽車招了招手，汽車在他的面前戛然而止，約翰說：「我已經在沙漠裏走了很久了，我簡直熱得要著火了，可不可以讓我搭個便車，在車裏吹吹冷氣啊？」

　　開車的人是布林，他很友好地說：「沒問題啊，可是，你的駱駝怎麼辦？那個龐然大物可塞不進我的後備箱。」

　　約翰說：「沒關係，它會跟在你的車子後面的。」

　　於是，約翰坐在車子裏和布林一起上路了。

　　剛開始，布林以 60 公里每小時的速度前進，他從後視鏡裏看到那隻駱駝似乎很輕鬆地跟上了；接著，布林加大了馬力，他將時速加到了 80 公里每小時，那隻駱駝依然一副輕鬆的樣子。布林準備挑戰一下駱駝，他一口氣飆升到了 120 公里每小時，不過他仍然有所顧念，便問約翰：「你的那隻駱駝真的沒事嗎？我看它都已經在吐舌頭了！」

　　約翰緊張地問：「它的舌頭吐向哪一邊？」

　　「右邊。」

　　約翰趕緊對布林說：「趕快把車開向左邊一點，它要超車了！」

如果榜樣足夠優秀，駱駝可能跑得比車快。榜樣的力量是無窮的，當員工看到某一個同事在公司內晉升加薪時，自然容易「見賢思齊」，驅使他們付出更多的努力爭取獲得同樣的成就。

19 如何才能雙贏

遊戲人數：4 人一組

遊戲時間：30 分鐘

遊戲材料：事先準備好的計分表

遊戲場地：教室

遊戲主旨：

雙贏的真正含義只有在團體的協作中才能達成，在協作中，要本著雙贏的觀念，才能達到雙贏的結局。

加強學員對於集體合作重要性的理解，加強對於人際關係的溝通和衝突的處理。

1. 將學員分成 2 組，每兩個小組為競爭夥伴，每個小組應該多於 4 人，少於 8 人。

選擇		分數	
A 組	B 組	A 組	B 組
紅	紅	＋3	＋3
紅	藍	－6	＋6
藍	紅	＋6	－6
藍	藍	－3	2

2. 請每組成員在充分考慮記分標準之後，經過討論決定本組選擇什麼顏色，並寫在積分表上，交給培訓者。

3. 培訓者宣佈雙方的選擇結果，並根據記分標準為雙方打分，記分標準參見上表。

4. 遊戲可以持續數輪，其間雙方只有一次機會可以互相交流，但是也只有在雙方都提出這個要求時才行，其他時間雙方不能進行任何接觸，中間始終要保持一定的空間。

5. 總分為正的小組為贏家，為負的小組為輸家，兩方都為正值就是達到了雙贏的狀態，雙方均是負分，沒有贏家。

 遊戲討論：

1. 記分標準有什麼特點？這一特點決定了在比賽的過程中，雙方應該採取什麼策略？

2. 當積分表上的分數並不是很理想的時候，原因是什麼？是否想過要與對方溝通一下？

遊戲總結：

1. 記分標準註定了大家之間的競爭關係，與囚徒困境類似，大家很容易就會陷入雙輸的狀態，對於大家最為有利的無疑是事先進行一定的溝通，最後大家達到雙贏的結局。

2. 做生意講究的是誠信，做遊戲也是一樣，如果與對方講好要合作，又在遊戲時候反悔，轉而尋求看似很大實則短暫的暫時利益的話，就會影響雙方合作的基礎——信任，會造成合作的失敗。

3. 儘管人們往往習慣於獨贏的成功感，但是這個世界上有的是比你聰明的人，與其冒著失敗的危險，倒不如大家都好好地活著。

 培訓小故事

要當著眾人讚賞員工

畢業典禮上，校長宣佈全年級第一名的同學上臺領獎，可是連續叫了好幾聲之後，那位學生才慢慢地走上台。

老師問那位學生：「怎麼了？是不是生病了？還是沒聽清楚？」

學生答道：「不是的，我是怕其他同學沒聽清楚。」

榮譽是證明個人價值的勳章，但很多人為榮譽而戰，一部分原因是為了讓他人知道自己有多麼了不起。

20 工作的獵頭

遊戲人數：集體參與

遊戲時間：30-60 分鐘

遊戲材料：天才獵頭工作表

遊戲場地：不限

遊戲主旨：

什麼人最善於發現你的優點呢？你可能會說是你的老闆，你的同事，甚至你自己，最善於發現你的優點的可能是那些獵頭，這個獵頭遊戲的目的就是要讓學員體會到在溝通中重新建立視角，尋找他人優點，給予真心讚揚的好處。

遊戲方法：

本遊戲中，你是一名天才獵頭，你的工作是要對你的顧客的天分和才能進行概括分類，以便將你的客戶推薦給那些物色、招聘高級人才的公司。在這個活動中，你應該仔細觀察你的客戶，注意他的每件事。事實上就是極力讚揚你的客戶所做的事情。例如，如果

你的客戶什麼也沒說，你可以說他善於「思考」。相反，如果你的客戶在小組討論中表現主動、積極、活躍，那你可以稱他為「天生的領導者」。

1.將學員分成人數相同的兩組，一組為公司僱員，一組為獵頭，每組人圍坐一圈，呈兩個同心圓狀，同時要保證外圈和內圈的成員要對應。

2.發給每一個「獵頭」一張「天才獵頭工作表」，給其 10 分鐘時間看上面的說明。

3.內圈的學員是某家廣告公司的創意人員，目的是要推銷某個產品。他們需要各抒己見，參與提出產品，時髦的名字，廣告語，潛在顧客群等問題。

4.獵頭們要仔細聆聽著一切，尤其是與其相對的工作人員的表現。

5.所有人重新圍成一個大圈，讓獵頭和他的顧客肩並肩坐著。

6.給每一個獵頭 5 分鐘時間去介紹他的顧客，描述他的顧客的過人之處。

 遊戲討論：

1.如果你是個獵頭，發現一個人的優點並誇獎他是否會令你心情愉快？當你使用褒義的語言去重新描述一個人行為的時候，你是否會遇到困難？

2.如果你是顧客，當你聽到你的獵頭對你的評價時是什麼感覺？你認為這些評價是否屬實？你是否在自己身上發現了新的東西？

遊戲總結：

1. 不要罵你的孩子愚鈍，否則他就會真的很笨；你的員工也是一樣，不要老說他們不行，否則你就會發現，他們實在會讓你很失望。

2. 人的天性是喜歡表揚，對員工保持嚴厲的態度固然重要，但不時地對他們的行為提出表揚也是至關重要的，這可以鼓勵他們以一種更為積極的態度投入到工作當中。實際上，最需要改進的，是對於他的員工沒有過任何獎賞或表揚的管理者，而不是他的員工。

3. 其他人對你的稱讚往往會讓你大吃一驚。原來我還有這種優點！不要懷疑別人的眼光，認真地對待別人對你的稱讚，你也許會發現一個新的自我。

培訓小故事

利用員警的作用

美國聯邦調查局的電話鈴響了。「你好，是聯邦調查局嗎？」

「是的，有什麼事嗎？」警方問。

「我打電話舉報鄰居湯姆。他把大麻藏在自家的木柴中。」告發者說。

「我們會調查的。」聯邦調查局特工說。

第二天，聯邦調查局人員去了湯姆家。他們搜查了放木柴的棚子，劈開了每一塊木柴，然而並沒有發現大麻，他們狠狠

地把湯姆罵了一頓後走了。

　　員警剛剛走後，湯姆家的電話響了。

　　「喂，湯姆！聯邦調查局的人幫你劈柴了嗎？」

　　「劈了。」湯姆答道。

　　「好，現在該你打電話了。我家的花園要翻土。」

　　不得不佩服兩個鄰居的高智商，雖然是為了自己的私利，卻從員警工作職責的角度出發，使美國員警不經意地掉進了他們的陷阱。管理者在激勵員工工作時，如果能站在員工的角度闡述工作目標和完成工作對於員工的意義，不僅減少了組織目標與個人目標的對立，還會使員工在工作時情願得多。

21 要坦然面對事情

 遊戲人數：一組 10 人

 遊戲時間：30 分鐘

 遊戲材料：

　　幾個形狀怪異的物品，如鑷子、掛鉤等，題板紙

 遊戲場地：開闊的教室或室外

 遊戲主旨：

每個人都會遇到尷尬挫折事情，如果我們連這種小小的挫折都不能逾越的話，遭到許多無端的阻礙。這個培訓遊戲就模擬了幾個類似的場景，讓學員適應這種狀況，幫助他們坦然自信地面對小錯。

 遊戲方法：

1. 將學員分成幾個小組，每組 5 人。學員們想一想，假如這時在你面前出現一個炸彈，你會怎麼反應。讓學員盡可能多的提出一些他們的反應，把這些話寫在題板紙上。

2. 然後教學員「小丑鞠躬」的反應，當其他方法失敗時，小丑鞠躬意味著面對觀眾，正視自己的失誤，謙虛地說：「謝謝你們，非常感謝你們。」

3. 鼓勵學員試一試小丑鞠躬效應的幾個變形。例如，他們可以用深情的口氣說，也可以像主持人一樣熱情地說，也可以像一個演講者一樣慷慨激昂地說，無論什麼形式，培訓者應該鼓勵學員探尋自己的風格。

4. 然後把奇形怪狀的物品拿給學員看，告訴他們，他們不同組的任務就是盡可能多的說出這些物品的用途。

5. 讓小組做好準備，跑到放東西的地方撿起一件物品，說出它們的名字，再盡可能多的說出幾樣用途。然後跑回隊伍中，再派下一個人去。以此類推。

遊戲討論：

你是否會犯一些小錯？如果回答是肯定的，那麼請試著運用遊戲中的技巧，看看別人會有什麼反應？

人生中總是會有許多的風風雨雨，怎樣克服全看一個人的意志和態度。

 遊戲總結：

1.這個遊戲的挑戰性在於，它為學員設計了無數的場景，激發他們的想像力和表演技巧，鼓勵他們摸索出自己的風格。只有這樣，他們才可能真正學到其中的精髓，將這種精神吸收為自己的。

另一個挑戰是，面對稀奇古怪的東西不僅要說出它們的名字，還要說出用途。這不僅依靠一個人的人生經驗，還考察他的反應力。

3.化解尷尬的方法有很多。除了這種坦然面對外，還可以運用一些幽默手段，不僅可以化解尷尬，還能體現出你的智慧。幽默感還可以使這個遊戲更加有趣，學員會更樂於玩這個遊戲。

 培訓小故事

跳傘的啟示

愛德華被征入伍，成了一名傘兵，但是他受不了飛機裏的顛簸，總是感覺不習慣，於是上司便命令他跳傘。愛德華只好

跳了下去，他總算安全著陸了。心有餘悸的愛德華見到上司後說：「請你記住，我已經跳過兩次傘了。」

「愛德華，你明明只跳了一次！」

「不對！是兩次，長官，第一次和最後一次！」

管理者希望通過委派挑戰性的工作提高員工的知識技能，但是激將法產生正面效果的前提是：員工與管理者一樣渴望自己的能力得到昇華。

22 拋開一切煩惱

遊戲人數：集體參與

遊戲時間：5～10 分鐘

遊戲材料：紙和筆，容器

遊戲場地：不限

遊戲主旨：

每人都有自己的問題和煩惱，這些阻礙需要每個人面對和勇敢克服。對於每個人來說，時刻都能有效地克服這些煩惱是有一定難

度的。這培訓遊戲可以幫助學員找到對付各自問題和煩惱的辦法。

 遊戲方法：

1. 告訴學員，今天培訓的目的是讓他們拋開自己的問題和煩惱，請每個學員想出一個與討論的議題相關的問題或煩惱。如果實在想不出也可以隨便說一個。

2. 請他們把他們各自的問題寫在一張紙上，寫完後把紙揉成一團，放到一個容器裏，然後把這個容器放到房間的一個角落處。

3. 然後，請一位學員到容器裏抽出一個紙團，扔給另一個學員，接到紙團的人打開紙團，大聲朗讀上面寫的問題。

4. 由接到紙團的人和其左右兩人組成一個 3 人小組，用 30 秒的時間來討論可能的解決辦法。其他人也展開自由討論，商討並寫下 2～3 個答案或應對辦法。

5. 先請三人小組說出答案，再請其他提供幫助的人說出答案。

 遊戲討論：

1. 為什麼有些煩惱無法解除？

2. 在你們所聽到的煩惱裏，有那些屬於「自尋煩惱」的？

3. 培訓課後，你們瞭解解除煩惱的方法否？

 遊戲總結：

1. 每個人的煩惱各不相同，解決的方法更是多種多樣。因此，在玩這個遊戲的時候，學員不要羞於表達自己的想法，不要把自己封閉起來。你要記住有的時候你也需要別人的幫助，你也要準備著

去幫助別人。

2.通過這個遊戲，你會聽到各式各樣的煩惱，有些是確實難以解決的困難，有些也不排除是自尋煩惱類型的。無論怎樣，都可以起到學員之間互相瞭解和互相體諒的作用。

3.在大家為某個煩惱「支招」的時候，學員們也有機會學習這些方法，以便日後自己遇到這些煩惱時使用。因此，在做這個遊戲時，你要當個有心人。

 培訓小故事

與員工分享利潤

一位顧客興奮地從寵物店走出來，他對剛剛買到的鸚鵡愛不釋手，因為這隻鸚鵡既會背誦莎士比亞的十四行詩，又會模仿歌劇演員吟誦希臘的荷馬史詩，而買這隻鸚鵡只花了 600 元。

然而，顧客把鸚鵡帶回家後，鸚鵡的嘴裏竟發不出一個音符來，顧客試了各種方法讓鸚鵡說話，但是鸚鵡始終不能發出一個完整的音節。嘗試三周後，鸚鵡始終不肯開口說話，顧客氣衝衝地找到了店主，要求老闆退貨。

店主說：「你買它的時候，我們倆都看到它既會背詩，又會歌唱，可現在它什麼都不會了，你讓我把它收回我也很賠本啊！不過，出於良心，我可以返還你 100 元。」顧客只能認倒楣了，他拿了 100 元錢，丟下了鸚鵡。可是，就在他走出店門的瞬間，他聽到鸚鵡對店主說：「別忘了，有 250 元歸我。」

23 你有什麼恐懼

遊戲人數：10 個人，兩人一組

遊戲時間：15～25 分鐘

遊戲材料：布，糖果，計時器和哨子

遊戲場地：室內

遊戲主旨：

人會面臨很多困難從而生出恐懼。這個遊戲就向學員們演示了人們被恐懼控制而產生的後果，並提供了應對恐懼的方法。同時，還可作為一個單純的遊戲，供活躍氣氛之用。

遊戲方法：

1. 首先選出 10 位學員，將他們分成(A，B)兩人一組。先讓 A 組學員留在屋裏，B 組學員先到屋外等候，聽到口令再進入屋內。

2. 讓 A 組學員迅速行動起來，把事先準備好的糖果藏在屋裏比較隱秘的地方，然後迅速地擺好椅子以及其他可以作為障礙的東西。

3.在這個過程中，讓他們充分發揮想像力，但作為培訓者也要在一旁觀察他們的行動。

4.一旦房間佈置好了，就讓 A 組成員走到門口，用布將 B 組成員的眼睛蒙上，並把他們領進來。

5.讓 A 組學員通過抓住或牽著 B 組學員的衣服來做嚮導。告訴 B 組人這個屋子裏藏有許多小禮物，大家的工作就是在 3 分鐘時間內盡可能多地找到禮物。

6.具體規則：

・ 在遊戲的全過程中，每一組的兩個人必須始終保持在一起。

・ 由蒙著眼的 B 帶路，只有他們才可以拾起禮物，交給 A 組學員。

・ 時間是 3 分鐘。在這個過程中，每組的 A 學員只可以用「是」或「不是」回答問題，而不能給明確的提示。

7.吹響哨子，遊戲開始。3 分鐘以後，結束遊戲，讓每組數一數他們找的糖果數量。

8.然後讓他們展開第二輪遊戲，這次 A 可以給 B 任何提示。

9. 3 分鐘後，結束遊戲。讓 B 組人摘下眼罩，數一數這次找到的糖果數量。然後都回到座位上坐下。

10.統計一下那一組的糖果最多，予以表揚。讓他們彼此分享糖果。

遊戲討論：

1. 問 A 組學員，在第一輪時，他們只能用「是」或「不是」回答問題，那時他們的感受是怎樣的？

2. 在尋找糖果這個任務中,你扮演了怎樣的角色?

3. 那一輪找到的糖果比較多?第一輪還是第二輪?為什麼?

4. 在整個過程中,你有什麼想法和感受?

5. 由於在第一輪遊戲中,你們處於相對被動的地位,有人感到不適應嗎?

6. 當你感到不適應時,是否產生了恐懼感?你有想過產生恐懼感的原因嗎?

7. 在這個遊戲中,你和你的搭檔講過什麼?

8. 如果在現實生活中,你把這些話講給自己聽,會對你有所幫助嗎?

9. 問 B 組學員,在這個過程中,你有什麼想法和感受?被蒙住眼睛又要四處走動,你有什麼感受?適應嗎?

10. 當你感到無助時,你希望你的搭檔對你說什麼?這些話對你起了怎樣的作用?

11. 在現實生活中,當你處於一個新環境裏,你是否有被蒙住眼的感覺?

12. 據你所知,在現實生活中,恐懼是如何阻礙我們發揮潛能的?

13. 在現實生活中,為什麼恐懼總是伴隨著我們?

 遊戲總結:

1. 這個遊戲象徵性地向我們表明恐懼是如何影響我們對理想的追求的。其中,A 是我們獲取信息的部份;B 是恐懼的肉體象徵,與他的搭檔本質地連在一起;小禮物代表我們在生活中所要達到的

不要

目標。幾乎所有新努力都涉及到恐懼——失敗的恐懼、變化的恐懼、未知的恐懼。

2.恐懼對我們的影響是顯而易見的，它使我們放慢腳步，懷疑自己。一個人處理恐懼的方法也是隨時變化的。有時可以克服恐懼而大膽前進，有時又被它牽著鼻子走。在這個遊戲中，第一輪遊戲者是被恐懼牽著鼻子走的；第二輪，雖然仍舊與恐懼相連，但這次可以自己控制。

3.從這個角度講，成功可以被定義為：成功地把握變化的人，能夠有效地應對恐懼。

培訓小故事

修路理論

傑克是一位醫生，可是他從來沒有成功醫好過一位病人。一天，他的老婆對他說：「為什麼你總是醫不好你的病人呢？看來，你的醫術很差勁兒啊！」

「不不，我的醫術很高明，可是那些病人都太差勁了，所以治不好他們。」

「病人怎麼會差勁呢？」

「我按照醫書的療法進行治療，可是那些病人卻不按醫書上寫的症狀生病。」

如果多個病人接受診治後沒有如期康復，問題便不在病人身上，而是醫生的治療方法出了差錯。

　　喬治到一家大公司去聯繫業務，這家公司的辦公樓在一幢裝修豪華的寫字樓裏，大大的落地窗像透明的一樣。喬治在進去的時候，猛地撞在了玻璃上，前臺小姐看到這一幕，笑著說：「已經有好些人撞在這個玻璃上了，你們的眼睛都長哪兒了，這麼大的玻璃卻看不見。」

　　喬治並不這麼認為，他認為問題並不出在撞門的人身上，而是出在設計者上。如果很多的人在同一個地方出現問題，那說明問題的癥結並不是人，而是這個地方確實存在缺陷。喬治向前臺小姐講述了自己的想法，建議在門上貼上一根橫的標誌線。果然，玻璃門貼上標誌線後，很少有來訪者再撞到門上了。

　　制度管理中有一個「修路理論」，認為：「當一個人在同一地方出現同樣的差錯，或兩個以上不同的人在同一地方出現同樣的差錯，肯定不是人的問題，而是這條路出了問題。」因此，管理者的工作重心不是如何管人，而是如何「修路」。只有建立了合理的制度，制度才會發揮出引導與修正的作用，員工才不會屢屢成為制度的忤逆者。

　　制度的建設是一個動態的、漸進的過程，隨著組織內外環境的變化，原本的制度的一些內容有可能不再符合環境的要求，以致形成對員工的束縛。為此，管理者應根據員工需要與環境的發展變化，不斷地調整組織的制度、章程，把制度建設中出現的「路障」逐漸清除。

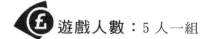

24 內心預想中的事

遊戲人數：5 人一組

遊戲時間：10～20 分鐘

遊戲材料：牆表或記事紙

遊戲場地：教室

遊戲主旨：

在一些研討會或項目組中，成員往往是來自四面八方的，彼此之間也不瞭解，這就需要組織者建立一個論壇或討論會，鼓勵他們交換信息，說出自己對本次活動的期望，來減少他們的隔膜和對活動的誤解。

遊戲方法：

1.將成員分成若干小組，每組 5 人。

2.發給每組一個記錄本。請他們快速回答：「今天你們來到這裏，有什麼樣的顧慮、期望或擔憂？」

3.將這些信息收集上來，請各組的報告人員將這些清單展示給

全體人員看。

 遊戲討論：

1.每組各表達了那些擔憂/顧慮/意見？可事先給出例子：

· 「我是不是所有人中最年輕的/最老的？」

· 「在我出席的第一次專業研討會上，我是否表現出色？」

· 「我想他們每個人都比我有經驗。」

· 「他們會不會穿著比我正式/隨意？」

· 「會不會每個人都用專用的術語說話？」

· 「我在這次活動中能得到些什麼呢？」

· 「那個房間/活動/講師，會是什麼樣子的呢？」

2.在公佈這些信息時，你是否發現大家的顧慮/擔憂/意見都比較相似？

遊戲總結：

1.作為講師，應當盡力減弱這些顧慮：向學員解釋穿著標準，定義所有用到的術語，多向學員提問和徵求意見等等。

2.通過搜集這些信息，可以幫助組織者瞭解大家的需要，從而使組織者在以後的課程中加以強化，改進工作。另一方面，通過聽取這些有效信息，來改進他們的工作，以減輕與會者的顧慮，向他們保證本次活動不會將涉及他們的顧慮。

3.與會者也可以抓住這個機會，講出自己的顧慮，和大家互相認識，讓組織者真正瞭解你的需求，使雙方都滿意。

 培訓小故事

我也是來辦事的

某人到一個地方去辦事，停車的時候才發現沒有停車位，於是他只好把車停在了馬路邊上。他特意在雨刷下留了一張紙條，上面寫著：「我是來辦事的。」

他辦完事回來的時候，雨刷下多了一張罰單，而且在他原來的紙條上附加了一行批註：「我也是來辦事的。」

理由的合理性並不能抗衡制度的權威性，觸犯制度者必將受到相應的懲處。

25 設一個假定方案

 遊戲人數：3 人一組

 遊戲時間：30 分鐘

 遊戲材料：海綿球

遊戲場地：教室

 遊戲主旨：

　　這個遊戲的目的在於讓團隊成員為潛在的嚴重或災難性情況制訂應急方案。這個遊戲對於學員來說會是一個很大的挑戰，對於激發他們的創造力很有幫助，將他們從枯燥的培訓課程中解救出來，來一次真正的智慧考驗。

 遊戲方法：

　　1.告訴學員他們將進行一些應付未來各種問題的練習。

　　2.請學員回顧一下最近遇到過的或看到過的符合墨菲法則的事情，就是說：「如果一件事情有可能向壞的方向發展，那它一定會向壞的方向發展」。

　　3.讓學員每三個人一組進行討論，並且每組要找到一個(僅一個)現實世界中可能發生的問題(例如，如果體能不夠怎麼辦？如果銷售手冊沒有按時送到怎麼辦？電腦崩潰了怎麼辦？)。

　　4.讓一個小組口述他們的問題，然後把海綿球扔給(輕輕地)另外一個小組。無論是誰，抓到了球的人馬上要提出可能的解決方案(必要的話，也可讓其他的參與者提供可行的答案)。

　　5.提出解決方案的小組再提出他們的問題，並把球扔向另外一個小組，讓那個小組提供解決方案。如果時間允許的話，一直進行下去。

遊戲討論：

1. 是什麼阻止了去發現解決自身問題的方法？
2. 為什麼我們解決別人的問題要容易得多？
3. 這個遊戲對我們的工作而言意義何在？

遊戲總結：

1. 這個遊戲的重點不僅是鼓勵學員提出有建設性的意見，更應該鼓勵那些提出問題的小組從收到的每一種解決方案裏真正地得到益處。

2. 當心不要讓他們掉入折衷的思維陷阱。當培訓課程進行下去時，肯定會有人抱怨課程枯燥無聊，學的知識沒有用武之地，那麼就用這個遊戲考驗他們一下吧。

3. 實際上，這個遊戲很適用於公司的培訓中。這種突擊性的訓練最能讓管理者看出每個員工的潛質，員工需要這種激勵式的遊戲來激發他們的工作熱情和靈感，切忌讓員工的熱情消失了，再想找回來就難了。

手錶定律的矛盾選擇

飛馳的列車上，兩位貴婦人爭論不休。

「把窗打開，我會凍死的。」一位貴婦人說。

「把窗關上，我會悶死的。」另一位貴婦人說。

列車服務員不知道怎麼辦才好，向旁邊的一位將軍求助：「您認為應該怎麼辦？如果這是一個軍事問題。」

將軍從容不迫地回答：「遇上這種問題，我們通常採取各個擊破的方法：先打開窗，凍死一個；然後關上窗，悶死一個。這樣就什麼問題也沒有了。」

如果團隊中出現了不同的意見，尤其各種意見差異較大時，常常會使其他的成員無所適從。

手錶定律，又稱「兩隻手錶定律」、「矛盾選擇定律」，內容為：一個人只有一隻手錶時，可以知道現在是幾點鐘，當他同時擁有兩隻手錶時，卻無法知道準確時間。兩隻手錶並不能告訴一個人更準確的時間，反而會讓看表的人失去對準確時間的判斷。

在團隊中，如果成員的職能角色均衡的話，同時又有多個成員喜歡統馭全體成員的意志，便會出現與手錶定律內容相符的現象。比如，在提出關於某個問題的解決方案時，幾個成員提出了若干方案，不同方案的提出者又不能很好地說服對方，便會導致團隊的工作停滯不前，其他的成員不知道該何去何從。

為了避免多頭領導對團隊工作進程的影響，管理者在成立一個專案合作小組時，除了要安排成員的具體職能外，還應該委派某個成員擔任領導的角色，允許其對團隊工作進行決策，要求其他的成員服從領導人的命令。

26 應對挫折

 遊戲人數：集體參與

 遊戲時間：15～20 分鐘

 遊戲材料：無

 遊戲場地：不限

 遊戲主旨：

　　在事業上越有成就、對自己要求越高的人，往往容易鑽牛角尖，對自己或同事犯的小錯誤也耿耿於懷。這種行為不僅給自己帶來巨大的壓力，也會使人際關係緊張，對工作無益。這個遊戲就是迫使學員面對自己和他人犯的小錯誤，學會忽視、化解它們。

 遊戲方法：

　　1.小組站成半圓形，按順序報數，使每個人都有一個數字。

　　2.由 1 號叫另一個人的號，如「10」號。被叫到的人（10 號）立即叫另一個人的號，如「5」號。接著被叫的人又很快叫出另一個號，以此類推。第一個反應慢或叫錯號的人必須放棄自己的位

置，走到隊尾。此時隊伍重新編號，重新開始。

3.隨著遊戲的進行，總會有人不斷犯錯，越來越多的人移到隊尾。

 遊戲討論：

1.自己犯錯誤和看到別人犯錯誤的感覺有什麼不同？

2.當你犯錯誤時，即使是對生活和工作沒有影響的小失誤，也會不能容忍地抱怨嗎？

3.現實生活中你經常犯那些小錯？

 遊戲總結：

1.勇於面對失敗，是一種美德，必會得到大家的尊重。在遊戲中失誤時不要露出難過的表情，舉起拳頭並驕傲地昂首走到隊尾。

2.這種行為正表明我們能正確地面對錯誤。當你認真地承認錯誤時，每個人都不會因為你的失誤而輕視你。還可以用幽默的言語化解尷尬，例如：「今天是我太太生日，所以我分神了，請為我的癡情鼓掌吧。」這種輕鬆對待失誤的態度會緩解組裏每個成員因某個成員犯了小錯誤而帶來的不舒適感。

 培訓小故事

分工要合理

傑瑞和湯姆開著車走過市區，他們在馬路上停了下來。傑

瑞先從車上下來，在路邊挖了一個坑，然後回到車內，接著湯姆從車裏出來，用鐵鍬又把坑填平了。湯姆回到車內後，他們開著車在馬路邊上又前行了一段，傑瑞又從車上下來，在路邊挖了一個坑，湯姆繼續把坑填平。就這樣，他們忙碌了一個上午。

有一個路人看到傑瑞和湯姆的工作感到很奇怪，他不禁問道：「你們在做什麼？」

傑瑞回答道：「我們正在種樹啊，可是今天負責栽樹的那個人沒有來！」

要使團隊工作保持較高的工作效率，最關鍵的是要解決工作鏈上的脫節和延遲，否則，不僅影響了工作效率，還會導致團隊工作的無效化。

27 大家來跳兔子舞

 遊戲人數：集體參與

 遊戲時間：10 分鐘

 遊戲材料：快節奏音樂和音響設備

遊戲場地：空地或大會場

 遊戲主旨：

兔子舞是大家都瞭解的一種娛樂舞蹈，它重在遊戲者的協調配合，全體學員需要聽從統一口令，全神貫注地做出統一的動作，有助於培養學員的感情以及增進彼此的瞭解，同時讓他們體會溝通與合作的妙處。

 遊戲方法：

1. 此遊戲適用於 10 人以上，但人數不宜過多，否則會減低遊戲的樂趣。

2. 讓所有學員組成一個小隊，要求後面的學員用雙手搭在前面學員的雙肩上。培訓者站在一邊為他們發號施令：左腳跳兩下，右腳跳兩下，雙腿合併向前跳一下，向後跳一下，再連續向前跳兩下。

 遊戲討論：

1. 你們玩的時候，多久就會出現步調不一致的地方？為什麼會出現這種情況？

2. 你們用什麼方法使小組成員的步調保持一致？

3. 遊戲進行到後面階段，這種情況是否有所改進？採用什麼方法？

遊戲總結：

1.遊戲一開始的時候是由培訓者發號施令，隨著遊戲的推進，培訓者可以將這個權力交給某個遊戲者，讓他們左右大家的步伐。這樣會增加遊戲的難度，因為培訓者站在旁觀者的角度有利於把握全局，說出的命令會照顧所有人。

2.當這個權力轉交給遊戲者時，他只能憑感覺感受大家的需要，難免出現不協調的命令，這種更有難度的方法，會更有利於幫助學員體會協調與合作的重要性。

3.除了需要技巧外，參加者也需要加入很大的注意力，不僅注意傾聽培訓者的命令，還要注意前後同伴的動作，免得踩到別人的腳。這是一個很重要的問題，一個人的不專心很可能影響到他前後幾個人的情緒，甚至擾亂他們的步伐。因此，作為培訓者，發現這種情況時，要及時用幽默的語言提醒那個走神的人，以保持整個團隊的遊戲效果。

 培訓小故事

失敗的倉庫計畫

一家規模較大的公司淘汰了一批落後的設備，董事會說：「這些設備以後也許還有用途，不能扔，建個倉庫把他們放起來。」於是為了堆放這批設備，專門修建了一間倉庫。

　　倉庫建好後，董事會說：「防火防盜不是小事，找個看門人。」於是請了看門人看管倉庫。

　　三個月後，董事會說：「看門人沒有約束，怠忽職守、監守自盜怎麼辦？」

　　於是又派了兩個人到倉庫，成立了計畫部，一個負責下達任務，一個負責制訂計畫。

　　一段時間後，董事會說：「我們必須隨時瞭解工作的績效。」於是又派了兩個人過去，成立了監督部，一個寫總結報告，一個負責績效考核。又過了一段時間，董事會發話了：「收入與績效一定要嚴格考核。」於是又派了兩個人過去，成立了財務部，一個負責計算工時，一個負責發放工資。一段時間後，董事會說：「管理沒有層次，出了問題誰負責？」於是又派了四個人過去，特別成立了管理部，一個主管計畫部工作，一個主管監督部工作，一個主管財務部工作，一個擔任總經理職務，總經理直接對董事會負責。

　　一年後，董事會說：「去年倉庫的管理成本為 80 萬元，這個費用太龐大了．你們一周內必須想出解決辦法。」

　　一周以後，看門人被解雇了……

　　企業是一個營利性機構，然而，很多企業往往在無效產出上耗費了過多的運行費用，導致事倍功半。

28 找椅子的寓言

遊戲人數：集體參與

遊戲時間：3～10分鐘

遊戲材料：問題卡片，音樂，象徵性的禮品

遊戲場地：不限

遊戲主旨：

這個培訓遊戲在於激發學員的學習興趣，幫助他們振奮精神，提高學習效果。

遊戲方法：

1.準備一些關於本次培訓課程或有關議題的問題，一張卡片上寫一個問題。

2.把所有多餘的椅子都搬出去，另外再多搬出一把椅子。在會議室裏準備出足夠的空間，把每把椅子擺放好。

3.給學員講一下遊戲規則：在你播放節奏明快的音樂時，讓他們繞著房間走動。20～30秒後，音樂停止。這時學員會爭搶椅子，

給那個因為沒搶到椅子而站在一旁的「幸運兒」一張卡片,請他回答上面的問題。

4.再搬走一把椅子,遊戲繼續。

 遊戲討論:

當大家圍著椅子走動的時候,你是否覺得有壓迫感,不希望搶不到椅子?這種恐懼出於什麼原因?

 遊戲總結:

1.培訓遊戲結束後,頒發獎品,然後告訴他們,從長遠看,貌似輸家的人其實經常是贏家。這個遊戲告訴學員們,任何事都具有兩面性,正所謂老天不會總捉弄一個人,一個人這件事上吃虧就必定在其他方面佔便宜。這也適用於工作中,努力進取是必須的,但沒必要以此為目的而鑽牛角尖。這樣做不僅失去了工作的樂趣,還會傷害同事的感情,自己也不會快樂。

2.本遊戲只是供活躍氣氛之用,因此可以隨時停止,沒必要在其上花太多時間。因為時間長了,會加大學員爭搶椅子產生的意外風險,那樣的話就得不償失了。另外,如果培訓的主題被這個遊戲搶了,也不是培訓的初衷。

3.在這個遊戲中,真正聰明的人並不會緊張兮兮地搶為數不多的椅子,完全可以從容處之。搶到了固然好,搶不到大不了回答一個問題,答對了還可以得到獎品。從一定角度講,這也是一種人生態度──得之我幸,失之我命。

 培訓小故事

授權要有界限

加州的一個小鎮發生了一宗銀行搶劫案，搶匪剛剛把贓款藏在一個地方後，就被警長逮捕了。搶匪並不會說英文，為了盤問贓款的下落，警長只好請麥克來當翻譯。經過了長時間疲勞轟炸式的拷問，搶匪始終不肯說出贓款到底藏在哪里。警長被惹怒了，他咆哮地叫麥克告訴搶匪：「再不說，把他斃了！」

麥克原原本本地把警長的最後通牒翻譯給了搶匪，搶匪有些害怕了，他語無倫次地說：「我把錢放在了鎮中央的枯井裏，你求警長饒我一命。」

麥克轉過頭來，表情嚴肅地對警長說：「警長，這小子有種，他寧死不屈，他叫你斃了他吧。」

願意授權給員工，有助於管理者從事務性工作中抽身出來，不過，並不是什麼權都能授的，權力的可授和不可授之間還應該有個清晰的界限，如果把不可授之權授予員工，很可能會對組織或管理者本人產生不利影響。

29 吹走緊張

遊戲人數：集體參與，單獨操作

遊戲時間：5～10 分鐘

遊戲材料：無

遊戲場地：不限

遊戲主旨：

你緊張嗎？你有壓力嗎？你是不是會在工作中覺得焦慮和灰心？當你面對難關的時候你會怎麼做？下面的遊戲將幫你克服這些負面情緒。

遊戲方法：

1. 培訓者首先向參與者解釋「清肺呼吸」的基本知識：

首先，我們要深吸氣——實際上，我們只是盡力吸入一大口空氣。其次，我們要屏住這口氣，慢慢地從 1 數到 5。最後——這是精華部份——我們要很慢很慢地把氣呼出，直到完全呼盡。在我們這樣做的時候，我們將掃除我們體內的緊張。

2.現在示範清肺呼吸，然後讓參與者做兩三次這樣的呼吸。問一下人們對清肺呼吸感覺如何。大多數人將會說他們感覺放鬆多了。

3.最後我們可以就在日常生活中怎樣運用清肺呼吸來克服影響激勵的因素展開討論。

 遊戲討論：

1.你願意做清肺呼吸嗎？為什麼？

2.在什麼樣的場合下，清肺呼吸對你是有用的？在什麼樣的場合下，你不願意進行這樣的清肺呼吸？

3.作為壓力管理技巧，清肺呼吸的優點、缺點各是什麼？

 遊戲總結：

1.當我們在家裏的時候，清肺呼吸也是有用的。不要吝嗇，深深呼吸一下早晨的空氣，讓神清氣爽的呼吸成為你早晨快樂的開始，為一天的工作做好準備吧！

2.深呼吸可以幫助我們最大程度地放鬆自己，停止拖延，減小壓力，幫助我們克服焦慮和對失敗和擔心；幫助別人停止拖延；幫助別人度過難關；激勵長期表現欠佳的員工。

培訓小故事

兔子爸爸的按勞激勵法

兔爸爸和兔媽媽開墾了一塊荒地，種上了孩子們愛吃的大白菜。很快，它們的努力有了結果，兔子一家每天都可以吃到鮮美的大白菜了。

可是，兔爸爸很快因為如何給家中三個孩子分大白菜而發起愁來。一開始，大白菜是根據孩子們的年齡進行分配的，但孩子們覺得不公平，還經常為此吵架。一天，兔媽媽病了，兔爸爸在菜地裏忙不過來，於是，它想到孩子們也許能幫些忙。可是，如何讓孩子們心甘情願地幹活呢？兔爸爸想了又想，最後，它決定把勞動與大白菜聯繫到一起，這樣可以一舉兩得。

兔爸爸叫來孩子們，說道：「孩子們，你們誰想要得到比現在更多的大白菜？」

孩子們紛紛說道：「我想！我想！」

「那有一個辦法，你們可以用你們所付出的勞動來換取大白菜，怎麼樣？」

孩子們聽了之後，都覺得這個主意很好，紛紛點頭同意。

於是，兔爸爸制定了勞動標準與積分卡發放制度，就這樣，一直以來讓兔爸爸頭痛的事情被解決了。可是在執行的過程中，由於澆水比其他事情容易，而且得到的分數也比其他事情的多，所以孩子們都搶著做。兔爸爸看到這種情況，就針對容

易產生爭議的勞動，給每個人規定了次數並調整了部分勞動的積分額度。問題又一次被解決了！孩子們又能按照兔爸爸的規定主動地幹活了。

物質激勵需要「按勞激勵」，管理者應該制定適當的激勵制度，建立合理的激勵機制，確保激勵公平、有效地實施。

激勵必須作為一項制度，貫穿於作業的每個程式，涉及到管理的每個環節，落實到工作的每個細節，深入到每位員工的內心深處，體現在每個員工的業績當中。

30 巧妙的分組方法

遊戲人數：集體參與

遊戲時間：3～5分鐘

遊戲材料：名牌、紙

遊戲場地：不限

遊戲主旨：

對於負責分組來說，將人們分成幾組、將那些人分成一組等問

題是非常費心思的。

 遊戲方法：

1. 傳統方法是把與會人員隨機地分成若干小組討論,佈置給他們任務與規定的時間。

2. 另一種比較通用的是報數法。

確定一個會議中與會人員的人數(A),再確定每組需要的人數(B)。用 A 除以 B 得出一個數字,讓所有人報數,報到這個數後再從頭開始,直到所有人報完為止。然後請報同一數字的人組成一組。

3. 另一種方法是給每個人分配一種特性,如數字、字母、顏色等。當你需要分組時,可以根據這些特性將與會者分組。例如可以將屬於字母 A 的分成一組,再將屬於字母 B 的分成一組,以此類推。

4. 有一種方法像抓鬮。先確定與會人數和每組人數,然後算出一共需要多少組。在事先準備的紙條上,按照你希望分成的小組的人數寫上 1、2、3 等,讓與會人員每人挑一張,請他們抓到相同數字的人自行組成小組。

 遊戲討論：

這些方法有那些好處?避免了什麼問題?和傳統方法比,有什麼改進之處?

 遊戲總結：

1. 大家工作繁忙,除有特殊要求,沒有必要在分組問題上費太大腦筋。這些培訓方法都可以使問題簡單化,不僅節省時間還保留

了精力用於解決棘手的問題。

2.這些方法雖然簡單和隨意，但從另一個角度講，卻是激發創意的好辦法。打破與會者原有的合作習慣，將他們分到新團隊中，與新同事合作解決問題。在打破固有模式後，我們可以獲得意想不到的效果。

3.作為激勵遊戲，它可以鼓勵學員對平時忽視的問題加以思考。因為在平時的學習和工作中，大家認為分組是非常簡單且微不足道的事。在這個遊戲裏，大家必須正視這個問題，慢慢的他們會發現，原來分組的學問也大著呢。這樣可以幫助他們開闊思路。

 培訓小故事

採集能力的松鼠們

有一片森林，盛產榛子、橡子等乾果，由於出產的乾果太多了，松鼠們根本吃不完，每年都有許多乾果白白浪費掉了。松鼠阿姨於是開辦了一個乾果加工廠，招聘了許多小松鼠來採集乾果，然後加工出口。

產品生產出來以後，非常受歡迎，大家都熱烈搶購，可是，工廠的產量老是上不去，每隻松鼠采到的乾果還沒有以前沒進工廠時采的多呢。松鼠阿姨很是犯愁，就對小松鼠們說，誰採集的乾果比較多，可以獲得獎勵。但是，森林裏物產豐富，小松鼠們並不是很看重這些獎勵，採集效率還是沒有得到提升。

這一天，松鼠阿姨接到一個大訂單，又高興，又發愁，於

是，它去請教足智多謀的狐狸先生。狐狸先生聽完松鼠阿姨的訴說，說：「這個容易啊，你明天把松鼠們集中起來，給平時採集乾果最多的松鼠發放獎勵，宣佈它為採集能手，並在全廠大肆宣揚。」

松鼠阿姨就按照狐狸先生的吩咐做了，結果，小松鼠們彼此都不服氣，都爭著去當採集能手，乾果的採集量很快就提升上來了。

吃飽的馬兒不會垂涎青草。管理者在對下屬進行激勵時要加強溝通，瞭解下屬的真正需求，對症下藥，這樣可以起到事半功倍的效果。

榜樣的力量是無窮的。管理者要善於給下屬們樹立榜樣，並設法引導大家去爭做榜樣，這樣就可以營造一種競爭氛圍，有利於公司整體事業的發展。

心得欄

31 一本正經地參與打牌

遊戲人數：集體參與

遊戲時間：20 分鐘

遊戲材料：一副紙牌

遊戲場地：會議室或教室

遊戲主旨：

　　這個遊戲可以激勵學員在更高意願的參與團隊的討論，並對討論做出更多的貢獻。一些人不願意參與到公開的討論中去，尤其當他們是新的團隊成員，或面臨著錯綜複雜和有利害關係的爭端，或對團隊領導者沒有好感時。通過方法，你能夠迅速打破僵局，激發團隊對討論的更廣泛參與。

遊戲方法：

　　1. 告訴大家在會議結束的時候，他們有機會玩一次紙牌，那個人手中的牌最好，他就可以贏得獎品。

　　2. 當每次有人對會議討論提出有意義的看法時，就發給他一張

牌。

3.在會議結束的時候，根據每人手中牌的大小來決定勝負
（即，根據同花大順、同花順、四張相同的牌、三張相同和兩張相
同的牌、同花、順子、三張相同的牌、兩對、一對的順序排列大小）。

4.確定手中五張牌最好的人給予他獎勵。

 遊戲討論：

1.這種方法會影響到我們參與性？

2.在接下去的會議中，這次遊戲對我們的參與性有什麼延續的
影響？

3.它對於你瞭解當天討論的主題有什麼幫助或干擾？

 遊戲總結：

1.這個遊戲能通過小組形式進行。

預先將團隊分成若干個 3～5 人的小組，然後像上述那樣進
行紙牌的獎勵。在會議結束後給小組 2 分鐘時間進行討論，讓他們
把手中的牌拼成一手最好的牌。請注意，獎品必須是小組成員可分
享的（例如，幾瓶汽水）。

3.每個人都有自我保護意識，特別是這個人加入到一個新團隊
裏，或者團隊裏出現矛盾時，他就不會積極地發表自己的意見，無
論出於什麼原因。這個遊戲可以迅速打開僵局，化解沉悶的氣氛，
並讓學員們感到發表自己的想法並不是可怕的事情。

4.管理者應該用這種遊戲鼓勵下屬發言，這樣才可能知道他們
的想法是怎樣的，知道他們現在想的是什麼，擔憂的是什麼，這樣

才有助於管理。

培訓小故事

香蕉獎勵的效應

美國福克斯波羅公司在創業之初，急需實現一項生死攸關的技術改造。總裁福克斯為謀求這項技術，終日食不甘味、寢不安席。

一天深夜，一位研發部的工程師拿著一台實現此項技術的原型機闖進了總裁的辦公室。這台原型機性能高超、使用方便，正是福克斯夢寐以求的東西。他看後，高興得手舞足蹈，不知怎樣感謝這位工程師才好。他彎下腰來把辦公室的抽屜翻了個遍，總算找到了一樣東西，於是，他彎下身來真誠地對那位工程師說：「現在我實在找不出更好的東西來獎勵你，這就當作是給你的獎勵吧！」原來，他給工程師的竟然是一根香蕉，這是他當時能拿出來的唯一獎賞。

從此以後，一枚由香蕉演化成的小小的、香蕉形狀的金別針，就成了該公司對科學技術成果的最高獎賞，而得到這種「香蕉」的員工，也將其看作是最寶貴的肯定和榮譽。

有時候，管理者對下屬的激勵不需用豐厚的物品和華麗的言辭，微小的東西和樸實的話語也能傳達出管理者的欣賞與重視，成為激勵下屬的有效武器。

管理者對下屬的及時肯定，能夠有效激發下屬做出更大成

績 的 決 心 與 信 心 ， 因 此 ， 當 下 屬 有 了 良 好 績 效 或 突 出 表 現 時 ，
管 理 者 要 對 其 進 行 及 時 的 讚 美 與 獎 勵 。

32 找出信息回饋

遊戲人數：集體參與

遊戲時間：5 分鐘

遊戲材料：每人發一個花名冊和幾張卡片

遊戲場地：不限

遊戲主旨：

　　這個遊戲就是讓學員感受讚美別人的積極作用。每個人的行
為，都希望得到同伴的肯定，當一個人獲得觀眾和同伴的肯定後，
將更加積極地繼續做出有益的事情。作為一個團隊的成員，在別人
做出有益事情的時候，要給予隊員積極的肯定。

遊戲方法：

　　1. 發給每個學員一份名冊，上面有參加培訓課程每個人的基本

情況，再發給每人一張小卡片，大小要能讓他們在上面寫幾行字。

2.叮囑他們，在課程開始前，請他們留心觀察其他人的行為。讓學員們在卡片上寫出對每個人的正面評價，並把被評價者的名字寫在上面。當然，培訓者也可以參加這個遊戲，即對學員作評價和被學員評價。

3.在培訓課程結束時，把這些卡片收上來，發給相應的人。

4.給大家留足時間來快速流覽一下關於自己的評價。

 遊戲討論：

1.請學員朗讀一下他們感覺好的評價。再請他們讀一下讓他們吃驚的評價。

2.當你看到別人對你的評價時，你會為一些內容感到吃驚嗎？

3.評價一個人時，你的標準是什麼？

4.一般你對一個人的評價是否會隨時間的改變而改變呢？

遊戲總結：

1.這個遊戲提倡對學員做出正面評價，鼓勵學員發現別人的優點，為學員們提供了難得的瞭解自己外在形象的好機會。

2.每個人都在乎自己在別人心中的形象，幫助他們發掘出在別人心中的美好形象，對他們的工作和生活都有很大的幫助。

3.通過玩這個遊戲，可以提高學員的學習積極性，幫助他們適應並愛上這個集體，有利於培訓計劃的推行。另外，帶著這些正面評價，學員回到工作崗位後會表現得更加自信。

4.如果想取得更好的效果，可以提議在小卡片上寫多一些內

容，例如給這個人的建議等，會更加有實質性的幫助。這樣，無論培訓課程多麼繁重，在培訓課結束後，都能保證每個學員滿意地離開。

培訓小故事

尊重部屬事情變好

有一位廠長為工廠出現了員工蓄意怠工的情況而感到頭痛。於是，這位廠長聘請了專家詹姆斯來幫忙解決這個問題。

詹姆斯首先讓這位廠長帶自己到工廠看看。「好吧！」這位廠長說，「讓我帶你到我們廠裏轉一圈兒，你就會知道那些骯髒的傢伙們出了什麼毛病！」

聽了廠長的這句話，詹姆斯就大致知道毛病出在哪兒了。解決辦法其實很簡單，他對廠長說：「你所需要做的就是把每位男性員工都當作紳士一樣對待，把每位女性員工都當作女士一樣對待。如果你誠心誠意地照我的意思做了，工廠的問題很快就能解決。」

廠長對詹姆斯的建議半信半疑，甚至不以為然。詹姆斯說：「誠懇地試上一個星期吧，如果不見效或是情況沒有好轉，你可以不付給我任何報酬。」廠長點頭同意了。

一周之後，詹姆斯收到廠長寄來的感謝信，信上說：「萬分感謝，詹姆斯，你會認不出這個地方了，因為現在這裏有了和睦共處的新鮮空氣！」

管理者對下屬的認可和重視，會使下屬心理上得到莫大的安慰。把屬當作大人物看待，比直接的物質激勵更能激發士氣。

每個人都希望得到他人的尊重。管理者要想讓下屬充滿激情地工作「尊重」是一件行之有效的「法寶」。

33 爭奪獎金的趣味性

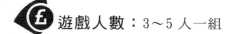

遊戲人數：3～5 人一組

遊戲時間：5 分鐘

遊戲材料：

事先列好選項，準備好題板紙，面值 10 元

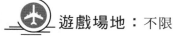

遊戲場地：不限

遊戲主旨：

學習是枯燥乏味的，只有極少數人能夠學習自己真正感興趣的東西而化被動為主動地學，好的培訓者懂得利用一些小技巧來提高學員積極性。例如可以引入小小的競爭或獎勵機制，這個遊戲就是通過這些活動來提高學員的積極性，鞏固學習效果。

遊戲方法：

1. 將學員分成 3～5 人一組，讓他們來分別答題。

2. 培訓者選出一些曾經向學員講授過的知識，例如一個新市場的開拓，或者一種新銷售理念的提出等。

3. 對每個問題想出一些正確選項和錯誤選項，把它們混在一起，寫在一個大的題板紙上，不要讓學員看到題目。

4. 5 分鐘後停止遊戲，各組學員回到座位上。

5. 把題目公佈出來，讓大家指出答案中的錯誤。

6. 每挑出一個真正的錯誤，可加 1 分，獲勝的小組可以得到獎勵。

 遊戲討論：

1. 你們小組的戰績如何？

2. 加入金錢獎勵是否對提高你們參加遊戲的積極性有幫助？為什麼？

 遊戲總結：

1. 這個遊戲採用的是競爭機制和物質刺激，實驗證明這些方法真的有效，可以使學員們參加他們本不感興趣的遊戲或活動。

2. 這個遊戲可以幫助學員復習學過的知識，使培訓者及時瞭解教學效果，獲得一定的回饋。但是，這種遊戲需要學員的積極配合，否則會影響培訓者總結的效果。因此，就需要用一些手段提起學員的興趣。

3.這個遊戲既增強了學員的競爭意識，又向他們提供了獲得獎勵的機會，這個遊戲不僅可以測試學員的學習效果，還能測試學員的其他水準，例如一般「勝利者」會用獎金為「失敗者」買一些吃的，這反映了同學之間的情誼。

4.如果時間允許多出一些選項，把問題展開得深入一些。本練習可以重覆數次。

 培訓小故事

大官家的廚子

古時候，有一位大官，喜歡吃各種美食，家裏專門請了一位手藝高超的廚子，這個廚子尤其擅長「燒雞」這道菜。大官非常喜歡吃廚子做的燒雞，幾乎每餐必吃，可是從來沒有讚賞過廚子。

這一天，大官又想吃燒雞了，這次廚子呈送上來的燒雞雖然味道依舊，但是造型不夠美觀。

大官於是叫來廚子，問道：「以前你做的燒雞，色、香、味、形都很出色，這次做的燒雞雖然味道依舊，可是造型不好，顯得沒精打采的啊！」

廚子回答道：「這些天，燒雞見總是沒有人誇它好吃，大概就沒有什麼精神頭了吧，所以，自然就變得無精打采了，委實不是我的過錯。」

大官哈哈一笑，此後，每當吃燒雞時，都不忘誇讚、賞賜

廚子，燒雞也恢復了原來的造型和味道。

　　每個人都有一顆希望得到認可的心。管理者要時時關心員工，並不斷地激勵下屬，使他們感受到你的關懷，而你也將得到他們的忠誠和熱情。

　　欣賞別人長處，比批評別人的短處更容易使人成功。管理者要善於使自己的員工認識到自己是多麼優秀，並促使他們變得更加優秀。

34 你平常看不到的讚美

遊戲人數：2 人一組

遊戲時間：15 分鐘

遊戲材料：無

遊戲場地：不限

遊戲主旨：

　　在這個培訓遊戲中我們要說出彼此的優點，通過這種方式，你會發現你有很多優點原來是自己所不瞭解，但別人卻看到了的。

遊戲方法：

1. 將學員分成兩人一組。

2. 讓每個小組的成員分別就下面的三個方面給出他對對方的讚美：對方的相貌外形方面，對方的個人品質方面，對方的才能和技能方面。

3. 要求每個人的每個方面至少要有兩條讚美。

4. 最後大家要分別說出他對搭檔的讚美。

 遊戲討論：

1. 這個遊戲是否會讓你很不舒服，坐立不安？

2. 我們怎樣才能更輕鬆地向對方提出我們的正面評價？

3. 我們怎樣才能更坦然地接受別人對我們的讚美？

 遊戲總結：

1. 俗語說，只有讓一個人感覺你喜歡他，他才能喜歡你。

2. 給予或接受他人給予的讚美對於很多人來說都是一個新的嘗試，但是只有互相的欣賞才能讓彼此之間的交流更加流暢。

3. 對於別人的正面評價不能毫無根據地瞎評價，這樣會讓對方覺得你在討好他，對他有所求。一定要抓好合適的時機，找準對方的閃光點，誇獎那些他認為是的優點，或者你幫他發掘他的優點，但注意一定要能自圓其說。

4. 要學會以一個正確的態度來接受別人的讚美，要學會微笑地接受，但同時又不能將別人的讚美太過度當真。

 培訓小故事

夥計碗裏的紅燒肉

老闆接到一樁業務，有一批貨要搬到碼頭上去，必須在半天內完成，任務相當重，手下就那麼十幾個夥計。

這天一早，老闆親自下廚做飯。開飯時，老闆給夥計一一盛好，還親手捧到他們每個人手裏。

夥計王接過飯碗，拿起筷子，正要往嘴裏扒，一股誘人的紅燒肉濃香撲鼻而來。他急忙用筷子扒開一個小洞，三塊油光發亮的紅燒肉焐在米飯當中。他立即扭過身，一聲不響地蹲在屋角，狼吞虎嚥地吃起來。

這頓飯，夥計王吃得特別香，他邊吃邊想：「老闆看得起我，今天要多出點力。」於是他把貨裝得滿滿的，一趟又一趟，來回飛奔著，搬得汗流浹背。

整個上午，其他夥計也都像他一樣賣力，個個搬得汗流浹背，一天的活，一個上午就幹完了。

中午，夥計王偷偷問夥計張：「你今天咋這麼賣力？」

夥計張反問夥計王：「你不也幹得起勁嘛？」

夥計王說：「不瞞你，早上老闆在我碗裏塞了三塊紅燒肉啊！我總要對得住他對我的關照嘛！」

「哦！」夥計張驚訝地瞪大了眼睛，說：「我的碗底也有紅燒肉哩！」

兩人又問了別的夥計，原來老闆在大家碗裏都放了肉。眾夥計恍然大悟，難怪吃早飯時，大家都不聲不響悶篤篤地吃得那麼香。

如果這碗紅燒肉放在桌子上，讓大家夾著吃，可能就都不會這樣感激老闆了。

35 如何笑容可掬

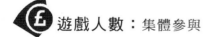 **遊戲人數**：集體參與

遊戲時間：5 分鐘

遊戲材料：無

遊戲場地：空地

遊戲主旨：

本遊戲以一個很熱鬧的方式，加強了團隊之間的溝通與交流，同時能夠增進彼此之間的感情。

遊戲方法：

1. 讓學員站成兩排，兩兩相對，各排派出一名代表，站於隊伍的兩端。

2. 相互鞠躬，身體要彎腰成 90 度，高喊×××你好。

3. 向前走交會於隊伍中央，再相互鞠躬高喊一次。

4. 鞠躬者與其餘成員均不可笑，笑出聲者即被對方俘虜，需排至對方隊伍最後入列。

5. 依次交換代表人選。

 遊戲討論：

1. 這個遊戲給你最大的感覺是什麼？做完這個遊戲之後，你有沒有覺得心情格外舒暢？

2. 本遊戲給你的日常生活與工作以什麼啟示？

 遊戲總結：

1. 人們常說，當你面對生活的時候，你實際上是在面對一面鏡子，你笑，生活笑，你哭，生活也在哭。面對別人的時候也是這個道理，要想獲得別人的笑容，你首先要綻放自己的笑容。所謂己所不欲勿施於人，既然你不想讓別人對你繃著臉，為何要對別人繃著臉呢？

2. 在團隊合作中，彼此之間保持默契，維繫一種快樂輕鬆的氣氛，會非常有利於大家彼此之間的溝通，也會加快我們的合作步伐。

體現自我價值

　　某戶人家養了一隻小狗。有一天,小狗忽然走失了,這戶人家馬上報了警。幾天後,小狗被人送到警察局,員警立刻通知了這家人。在等待主人到來的空隙,員警突然發現這隻小狗沒有一點歡喜的神情,反而悲傷地流淚了。

　　員警相當好奇:「你應該高興才對,怎麼流淚了呢?」

　　小狗回答:「員警先生啊,你有所不知,我是離家出走的啊!」

　　員警有些吃驚:「你家主人虐待你嗎?為什麼要出走呢?」

　　小狗悲傷地說:「我在主人家已經待了好多年,從一開始就負責家人的安全,一直很盡忠職守地執行我的職責。當然主人也誇獎我的業績,平時見到我會摸摸我、拍拍我,常會帶我出去散步。那種保衛一家人的成就感,那種受重視、受疼愛的感覺,讓我更加提醒自己,好好保護這一家人。直到有一天……」

　　「怎麼樣?」員警追問道。

　　「有一天家裏裝上了防盜門,從此我失業了,看門不再是我的職責,家人也不需要我保護了。整天無所事事,對家庭一點用都沒有,雖然主人還是一樣地飼養我,但是我實在受不了這種無所事事、備受冷落的感覺,所以才會離家出走,寧願過流浪的日子。」

工作的成就感有時候比物質獎勵更能激勵人。金錢並不能持久地起到激勵作用，因為人們更渴望自我價值的實現。

36 如何面對真正的自我

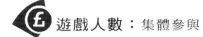 遊戲人數：集體參與

遊戲時間：15 分鐘

遊戲材料：

投影儀，「意識和能力之間的關係」的投影片

 遊戲場地：教室

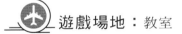 遊戲主旨：

這個遊戲就是給學員機會，使他們真正瞭解自己的潛能。每個人都有優點和缺點，長處和短處。但是，並不是每個人都能認識到自己的潛能，或者說正確地認識自己的潛能。這就容易形成妄自尊大或者妄自菲薄的個性，這兩種性格都不利於一個人的生活和工作。

遊戲方法：

1.請每一位學員回想一下自己的特長,再請學員回想一下自己不擅長的一項技巧。

2.請他們仔細考慮,他們是否確實瞭解自己的特長和不足的地方。

3.請大家從兩方面評價自己,這兩個方面對於許多技能技巧的迅速提高都是非常重要的。

4.發給每位學員一張「意識與能力之間的關係」的圖片。這個圖形闡釋了能力和意識之間的相互作用。值得指出的是,這個模式是講師培訓中的評定要素:

· 瞭解學員的起初水準

· 評定學員的認知度

· 促使學員認識到自己能力上的欠缺之處

· 提高學員的技能

· 確定使學員繼續進步到象限 4(即具備了能力而自己又能察覺)所必須付出的成本和所能得到的收益。在此,要注意的是,對大多數人而言,處在第 3 象限的情況可能是最多的。

 遊戲討論：

1.對自己具備的技能的認知度與該技能本身一樣重要？為什麼？

2.培訓師應該怎樣提高學員對自己能力的認知？

3.如果培訓者在課程中與學員一起分享這個模式,是否能幫助

學員瞭解培訓者在這兩個方面的目標？

意識和能力之間的關係

自我意識

	低	高
低 能 力 高	1 沒有意識到 不具備該能力	2 意識到 不具備該能力
	3 沒有意識到 具備該能力	4 意識到 具備能力

 遊戲總結：

1. 這個遊戲的意義在於，只有準確判斷了自己對所具備技能的認知度後，人們才可能知道那些是「需要學」的。

2. 在這個遊戲中，培訓者的作用在於啟發學員「挖掘」自身價值，幫助他們面對。所以，在學員完成遊戲的過程中，培訓者應盡量營造輕鬆和隨意的氣氛，這更有利於學員表現自我情緒和思想。

 培訓小故事

重視基層人員

春秋時期，鄭國攻打宋國，宋國命大將華元為主帥率兵迎戰。

大決戰前夕，華元為了鼓舞士氣，特地宰羊犒勞將士。將

士們吃著羊，品著美酒，全營上下一片歡騰。

可是華元只顧了給那些準備衝鋒陷陣的將士擺酒犒勞，卻沒有讓另外一個人參加宴會，這個人就是給他駕車的車夫羊斟。

華元也許是忘記了，也許是覺得羊斟身份低下，沒有資格參加，反正是沒有讓他吃到羊肉。羊斟呆呆地坐在帳外，聞著帳中飄來的陣陣肉香，覺得受到了莫大的羞辱。

第二天一大早，決戰開始了，華元命令羊斟把戰車排在隊列中，衝向鄭軍右方兵力薄弱的地方，以便指揮宋軍向這裏突破。可是羊斟卻突然將戰車從戰車隊中趕出來，朝鄭軍兵卒密集的左方奔去。

華元大叫：「混賬，我們已經脫離部隊了，快停車！」

羊斟頭也不回地答道：「先前吃羊肉的事你做主，今日趕車的事就得由我做主了！」

說罷這句話，他揚鞭策馬，徑直將華元乘坐的戰車拉到了敵軍陣中，讓華元稀裏糊塗地當了鄭軍的俘虜。宋軍將士一看自己的主帥都活活地被俘虜了，軍心頓時大亂，很快敗下陣來。

對基層人員的重視，還需要人們打破一個認識誤區，那就是只有提拔，才是真正的肯定與重視。實際上，在現代企業中，還有很多可以選擇的方法，比如，對基層崗位上的員工進行公開表揚；再比如，在薪資的設計上打破組別與資歷的框框，讓基層服務人員在薪金上限超越其主管。這樣的方式，即便他們不升職，也能獲得同樣豐厚的獎勵。

37 主管的激勵能力

遊戲人數：集體參與

遊戲時間：20 分鐘

遊戲材料：愛波斯坦管理者激勵能力調查表（簡化版）

遊戲場地：教室

遊戲主旨：

　　這個遊戲的目的是測驗他們的激勵能力——管理者用於激勵別人的基本技能。

　　一場關於提高激勵能力方法的討論，可以幫助他們加深印象，提高管理技能，測驗激勵技能。

遊戲方法：

　　1. 回答人們對這個測試可能提出的疑問，讓人們完成它。完成這個測試要花 5～10 分鐘的時間。讓人們給自己打分，後邊的表格將會得出一個總分，還會得到四種激勵能力的分數：管理回報、有效的溝通、有效的管理團隊、管理環境。

2.展開討論，說明參與者應該得到怎樣的進一步訓練，以提高他們的技能。

 遊戲討論：

1. 你在那些方面的激勵能力比較強？那些方面能有所改進？

2. 對這個測試的結果，你感到驚訝嗎？為什麼？

3. 你需要怎樣的進一步訓練來提高你的激勵能力？這些訓練會怎樣提高對別人的激勵？

 遊戲總結：

1. 愛波斯坦管理者激勵能力調查表：在每項陳述的下面，請用筆劃上最合適你的反應選項。

⑴回報在維持好的績效方面幾乎沒有價值。

同意　　1　2　3　4　5　　不同意

⑵我歡迎別人的置疑。

同意　　1　2　3　4　5　　不同意

⑶辦公同事可以成為很大的激勵因素。

同意　　1　2　3　4　5　　不同意

⑷我努力向員工傳達未來的清晰的前景。

同意　　1　2　3　4　5　　不同意

⑸當一個團隊成員在某一方面較弱時，我竭力忽視它。

同意　　1　2　3　4　5　　不同意

⑹我很少讓員工對我的主意提供回饋意見。

同意　　1　2　3　4　5　　不同意

(7)命令指示常比回報更好地激勵員工。

同意　　1　2　3　4　5　　不同意

(8)在工作場所的很多地方，我都用顏色來激發效率。

同意　　1　2　3　4　5　　不同意

(9)我的僱員相處如何不關我的事。

同意　　1　2　3　4　5　　不同意

(10)怎樣把一群人變成一個團隊。

同意　　1　2　3　4　5　　不同意

(11)我盡力用清晰的發展前景和目標來激發員工。

同意　　1　2　3　4　5　　不同意

(12)我經常對表現出色的員工進行獎賞。

同意　　1　2　3　4　5　　不同意

(13)我用人類工程學的原理來裝備我的工作場所。

同意　　1　2　3　4　5　　不同意

(14)團隊中的每個人都能做相似的貢獻。

同意　　1　2　3　4　5　　不同意

(15)我經常感謝員工的貢獻。

同意　　1　2　3　4　5　　不同意

(16)令人煩躁的聲音會破壞人的積極性。

同意　　1　2　3　4　5　　不同意

(17)人們通常會發現回報一成不變。

同意　　1　2　3　4　5　　不同意

(18)在團隊內，合作遠比競爭重要。

同意　　1　2　3　4　5　　不同意

⑴9我儘量讓員工參與決策的方方面面。

同意　　1　2　3　4　5　　不同意

⒇我經常幫助我的團隊在關鍵問題上達成共識。

同意　　1　2　3　4　5　　不同意

(21)光線對績效沒有任何影響。

同意　　1　2　3　4　5　　不同意

(22)我常常從我的員工中得到好點子。

同意　　1　2　3　4　5　　不同意

(23)公正地分配回報會有效果。

同意　　1　2　3　4　5　　不同意

(24)我儘量激發我的員工好好表現。

同意　　1　2　3　4　5　　不同意

2.優秀的管理者也是優秀的自我監督者，作為管理者固然要監督和指導別人的行為，但是如果不時刻留心自己的行為和知識結構，將很難使被管理者服從和信任，因此也是時候對管理者檢驗一下了。

培訓小故事

獎勵的手段

有兩兄弟都以養蜂為生。他們各有一個蜂箱，養著同樣多的蜜蜂。有一次，他們決定比賽看誰的蜜蜂產的蜜多。

老大想，蜜的產量取決於蜜蜂每天對花的「訪問量」。於是

他買來了一套昂貴的測量蜜蜂訪問量的績效管理系統。

在他看來，蜜蜂所接觸花的數量就是其工作量。每過完一個季度，老大就公佈每隻蜜蜂的工作量；同時，老大還設立了獎項，獎勵訪問量最高的蜜蜂。但他從不告訴蜜蜂們是在與誰比賽，他只是讓蜜蜂比賽接觸花的數量。

老二與老大想的不一樣。他認為蜜蜂能產多少蜜，關鍵在於它們每天采回多少花蜜——花蜜越多，釀的蜂蜜也越多。

於是他直截了當告訴眾蜜蜂：他在和老大比賽看誰的蜜蜂產的蜜多。他花了不多的錢買了一套績效管理系統，測量每隻蜜蜂每天采回花蜜的數量和整個蜂箱每天釀出蜂蜜的數量，並把測量結果張榜公佈。他也設立了一套獎勵制度，重獎當月采花蜜最多的蜜蜂。如果一個月的蜜蜂總產量高於上個月，那麼所有蜜蜂都受到不同程度的獎勵。

一年過去了，兩人查看比賽結果，老大的蜂蜜不及老二的一半。

老大的評估體系很精確，但它評估的績效內容與最終的績效內容並不直接相關。老大的蜜蜂為了盡可能多地提高訪問量，都不會采太多的花蜜，因為采的花蜜越多，飛起來就越慢，每天的訪問量就越少。

老大本來是為了讓蜜蜂搜集更多的資訊才讓它們競爭，由於獎勵範圍太小，為搜集更多資訊的競爭變成了相互封鎖資訊。蜜蜂之間競爭的壓力太大，兩隻蜜蜂即使獲得了很有價值的資訊，比如某個地方有一片巨大的槐樹林，它也不願將此資訊與其他蜜蜂分享。而老二的蜜蜂則不一樣，因為它不限於獎

勵一隻蜜蜂，為了採集到更多的花蜜，蜜蜂相互合作，嗅覺靈敏、飛得快的蜜蜂負責打探哪兒的花最多最好，然後回來告訴力氣大的蜜蜂一齊到那兒去採集花蜜，剩下的蜜蜂負責貯存採集回的花蜜，將其釀成蜂蜜。

雖然採集花蜜多的能得到最多的獎勵，但其他蜜蜂也能撈到部分好處，因此蜜蜂之間遠沒有到人人自危相互拆臺的地步。

激勵是手段，被激勵員工之間的競爭固然必要，但相比之下，激發起所有員工的團隊精神尤顯重要。

38 你的激勵能力

遊戲人數：集體參與，單獨操作

遊戲時間：20 分鐘

遊戲材料：愛波斯坦個人激勵能力調查表（簡化版）

遊戲場地：室內

遊戲主旨：

本遊戲讓參與者做一個小測試，用於衡量他們的「激勵能

力」——激勵自己的基本技能。隨後可以展開討論，探討加強這些能力的方法。

 遊戲方法：

培訓者讓參與者完成這個測試，時間大概要花 5～10 分鐘。讓人們給自己打分，後面的表格將會得出一個總分，還會得到四種激勵能力和分數：管理環境、管理思想、設定目標、保持健康的生活方式。

 遊戲討論：

1. 你在那方面的激勵能力比較強？在那些方面你的激勵能力有所改進？

2. 你對這些測試的結果感到驚訝嗎？為什麼？

3. 你需要怎樣進一步訓練來提高你的激勵能力？這些訓練會怎樣改善績效和帶來更樂觀的前景。

遊戲總結：

1. 在很大程度上，我們可以控制我們的激勵水準，此技能被稱為「激勵能力」。它能被測量，也可以獲得提高。當我們做完這個測試之後就會對我們的激勵水準有一個大致的瞭解，從而可以幫助我們認識到不足，加以改進，更好地激勵自己做好工作。

2. 激勵自己和激勵別人同樣重要，因為只有一個人鬥志昂揚的時候，才能夠發揮出他的最大潛力。你有活力就能做出好的成績，你的同伴有了活力就可以幫助你更好地完成任務，所以在工作中，

不要吝嗇，積極地激勵自己也激勵別人吧！

附件：愛波斯坦個人激勵能力調查表（簡化版）

在每項陳述的下面，請用筆劃一下你最適合你的反應選項：

(1)我的工作環境是理想的。

同意　　1　2　3　4　5　　不同意

(2)我從來不設想美好的未來。

同意　　1　2　3　4　5　　不同意

(3)我與難相處的人在一起工作。

同意　　1　2　3　4　5　　不同意

(4)工作場所的色彩使我充滿活力。

同意　　1　2　3　4　5　　不同意

(5)我認為可以做到以積極的態度看所有事情。

同意　　1　2　3　4　5　　不同意

(6)食物對情緒沒有任何影響。

同意　　1　2　3　4　5　　不同意

(7)我定期地給自己設立目標。

同意　　1　2　3　4　5　　不同意

(8)以積極的態度看所有事情是不可能的。

同意　　1　2　3　4　5　　不同意

(9)我經常鍛鍊。

同 意　　1　2　3　4　5　　不同意

⑽我每天都認真制定計劃。

同 意　　1　2　3　4　5　　不同意

⑾當我在早上醒來的時候，很少感到休息得好。

同 意　　1　2　3　4　5　　不同意

⑿我經常想像鼓舞人的場景。

同 意　　1　2　3　4　5　　不同意

⒀我的工作場所設計得很差。

同 意　　1　2　3　4　5　　不同意

⒁對我的未來，我有明確的目標。

同 意　　1　2　3　4　5　　不同意

⒂我每星期都做有氧操。

同 意　　1　2　3　4　5　　不同意

⒃我很喜歡與我共事的人。

同 意　　1　2　3　4　5　　不同意

⒄當人需要激發活力的時候，有些食品和飲料會幫助我。

同 意　　1　2　3　4　5　　不同意

⒅設立目標對績效沒有影響。

同 意　　1　2　3　4　5　　不同意

⒆我晚上睡眠一直很好。

同 意　　1　2　3　4　5　　不同意

⒇我能以積極的心態看待所有問題。

同 意　　1　2　3　4　5　　不同意

(21)我沒有長期目標。

同意　　1　2　3　4　5　　不同意

(22)設立目標可以提高績效。

同意　　1　2　3　4　5　　不同意

(23)對美好的未來做白日夢是浪費時間。

同意　　1　2　3　4　5　　不同意

(24)我設立的目標一般都能實現。

同意　　1　2　3　4　5　　不同意

愛波斯坦個人激勵能力自我記分表(簡化版)

按照以下方法為測驗記分：在上邊的欄目中，如果你選了「同意」，那麼就給自己1分，否則就給0分。然後將所有的1加起來，得到總分，一共24道題，如果每題都得1分的話，即為24分。如果你的分數低於24，說明你還可以提高你的激勵技能。對於具體種類的能力而言，填好下面的四個方框，將它們列出的諸條項目中你得到的1加起來，將結果填在空格處。如果你的分數低於最高分，你需要加強這方面的技能。

(1)管理環境。你要創造一個有助於激發自己活力的工作場所，你週圍的人能夠使你發揮出你的最高水準。

1　3　4　13　16　21　「1」的總分：＿＿＿/6

(2)管理思想：你可以使用形象化技巧、思想重構技巧並確認以保持你能積極地思考。

2　5　8　12　20　24　「1」的總分：＿＿＿/6

(3)設定目標：你不僅要設立短期的目標，也要設立長期的

目標，而且要為實現這些目標而制定方案。

　7　10　14　28　22　23　　「1」的總分：_____/6

(4)保持健康的生活方式：有規律的鍛鍊、充足的睡眠、合理的飲食可以使你保持較高的精力。

　6　9　11　15　17　19　　「1」的總分：_____/6

(1)1 2 3 4 5＿＿＿＿＿　　(2)1 2 3 4 5＿＿＿＿＿

(3)1 2 3 4 5＿＿＿＿＿　　(4)1 2 3 4 5＿＿＿＿＿

(5)1 2 3 4 5＿＿＿＿＿　　(6)1 2 3 4 5＿＿＿＿＿

(7)1 2 3 4 5＿＿＿＿＿　　(8)1 2 3 4 5＿＿＿＿＿

(9)1 2 3 4 5＿＿＿＿＿　　(10)1 2 3 4 5＿＿＿＿＿

(11)1 2 3 4 5＿＿＿＿＿　　(12)1 2 3 4 5＿＿＿＿＿

(13)1 2 3 4 5＿＿＿＿＿　　(14)1 2 3 4 5＿＿＿＿＿

(15)1 2 3 4 5＿＿＿＿＿　　(16)1 2 3 4 5＿＿＿＿＿

(17)1 2 3 4 5＿＿＿＿＿　　(18)1 2 3 4 5＿＿＿＿＿

(19)1 2 3 4 5＿＿＿＿＿　　(20)1 2 3 4 5＿＿＿＿＿

(21)1 2 3 4 5＿＿＿＿＿　　(22)1 2 3 4 5＿＿＿＿＿

(23)1 2 3 4 5＿＿＿＿＿　　(24)1 2 3 4 5＿＿＿＿＿

培訓小故事

榮耀鼓舞士氣

　　清朝後期的封疆大吏曾國藩曾經用過封官的方法激勵過自己的將士。那是曾國藩初建湘軍時，從太平天國軍手中奪回了岳州、武昌和漢陽後，取得了建軍以來第一次大勝利。為此，曾國藩上書朝廷，為自己的下屬邀功請賞，朝廷對此也給予了恩准，給這些人都封了官。

　　但是，曾國藩並不認為這樣做就夠了，還必須給那些最勇敢的下屬配備值得炫耀的物件，鼓勵他們在作戰時更加勇敢。同時，因為這些下屬有了值得炫耀的物件，其他的將士肯定也希望得到這樣的獎賞，這樣一來，全體官兵就會同仇敵愾、奮勇作戰。

　　這一天，曾國藩召集湘軍中哨長以上的軍官在湖北巡撫衙門內的空闊土坪上聽令，他說：「諸位將士辛苦了，你們在討伐叛賊的過程中英勇奮戰，近日屢戰屢勝，皇帝也封賞了大家。今天召集這次大會，是要以我個人名義來為有功的將士授獎。」到這時，湘軍軍官才知道自己的最高統帥要為他們發獎，獎什麼呢？誰能得獎呢？大家都在暗自思忖。只聽曾國藩大喊一聲：「抬上來。」

　　兩個士兵抬著一個木箱上來，幾百雙眼睛同時盯住了那個木箱。士兵把木箱打開，只見裏面裝著精緻美觀的腰刀。曾國

藩抽出了一把腰刀，刀鋒刃利，刀面正中端正刻著「殄滅醜類、盡忠王事」八個字，旁邊是一行小楷「滌生曾國藩贈」。

旁邊還有幾個小字是編號。

曾國藩說：「今天我要為有功的將士贈送腰刀。」接著親自送給功勳卓著的軍官。

頓時，在場的人們心中湧動著不同的心情，有的為得到腰刀而欣喜；有的為腰刀的精緻而讚歎；有的在嫉妒那些得到腰刀的人；然而更多的人則在暗下決心，在以後的戰鬥中一定要衝鋒陷陣，爭取也得到這樣一把腰刀。曾國藩的這一鼓勵，更加鼓舞了將士們的士氣。

給能幹的下屬配備值得炫耀的物件，那就是獎勵能給他們帶來一種極大的榮譽感和自豪感的紀念物，當他們得到這種獎賞後，會感到極有面子，為了維持這種面子，同時也為了回報給他面子的人，他們必定要像以前那樣甚至比以前更加勤奮地工作。

心得欄 ━━━━━━━━━━━━━━━━━━━━━━━━━━━━━━

━━━━━━━━━━━━━━━━━━━━━━━━━━━━━━━━━━━━━

━━━━━━━━━━━━━━━━━━━━━━━━━━━━━━━━━━━━━

━━━━━━━━━━━━━━━━━━━━━━━━━━━━━━━━━━━━━

━━━━━━━━━━━━━━━━━━━━━━━━━━━━━━━━━━━━━

39 克服公眾講話的恐懼

 遊戲人數：5 人一組

 遊戲時間：15 分鐘以上

 遊戲材料：恐懼清單和建議手冊，題板紙

 遊戲場地：教室

 遊戲主旨：

　　每個人都不是天生的演講家，對於在公眾場眾大聲講話感到恐懼。這是正常現象，不必為此感到沮喪和自卑，就像有人天生跑得快而有人天生是運動白癡，沒必要為這個而全盤否定自己。

　　這個遊戲也是為了說明這個問題，它告訴學員害怕在公眾場合講話是正常的，並為解決這些恐懼提供建議。

　　本法是員工激勵培訓方法，增強團隊凝聚力和合作精神，增強學員對自我的瞭解，激發演講者的自信和能力。

 遊戲方法：

　　1. 在遊戲開始前問學員：「大家認為在各自的生活圈子裏，最

害怕的是什麼？」再將答案簡明地寫在題板紙上，詢問大家是否同意這些意見。

2.發給每人一張由專家列出的恐懼清單。告訴大家，如果信息準確的話，那麼大多數人的恐懼都是類似的，覺得做一場精彩的演說或開展培訓課程是一項挑戰。讓學員們回憶或採用腦力激盪的方法，盡可能多地說出克服恐懼的方法。

3.展開小組討論，培訓者在旁記錄，記錄下學員們認為有效的方法。

4.選出相對最恐懼在公眾場合發言的學員，讓他上臺大聲朗讀這些克服恐懼的方法給大家聽。

 遊戲討論：

1.你在公眾場合講話是否感到恐懼？你是否想過這些恐懼來自何處？有什麼方法可以克服？

2.當你看到別人遇到這種恐懼時，是否希望想一些方法幫助他？這些方法對你自己有用嗎？

3.通過這個遊戲，你找到對你有幫助的方法沒有？

 遊戲總結：

1.由專家列出的恐懼清單如下：

‧ 在公眾前講話

‧ 金錢困擾

‧ 黑暗

‧ 登高

- 蛇和蟲子
- 疾病
- 人身安全
- 死亡
- 孤獨
- 狗

2. 克服演講恐懼的具體建議：

- 熟悉演講內容（首先成為一個專家）
- 事先練習演講內容並運用參與技巧
- 知道參加者的姓名並稱呼他們的名字，儘早建立自己的權威
- 用目光接觸聽眾，建立親善和諧的氣氛並進修公開演講課程
- 展示你事先的準備工作
- 預測可能遇到的問題並事先檢查演示設備和視聽器材
- 事先獲得盡可能多的參與者的信息，放鬆自己（深呼吸，內心對白等），準備一個演講大綱並按部就班地進行演練
- 好好休息，使自己的身心保持警覺、機敏。用自己的方式，不要模仿他人；用自己的辭彙，不要照章宣讀。站在聽眾的角度看問題，設想聽眾是和你站在一個立場上的
- 對演講提供一個總的看法並接受自己的恐懼，把它看作是一件好事
- 先向團隊介紹自己
- 把你的恐懼分類，看看那些是可控的，那些是不可控的，並找出相應的對抗恐懼的方法
- 在開場前的 5 分鐘要特別重視把自己想像成一個出色的演

講者，多考慮如何應對困難的處境和刁鑽的問題，營造一種非正式的氣氛

培訓小故事

提高的地位

有一個村莊有一種風俗：求婚聘禮用牛的多少來表示姑娘的美醜，最賢慧漂亮的姑娘需要九頭牛，這是最高規格的聘禮。

李老漢家有三個女兒，前兩個女兒既聰明又漂亮，都是被人用九頭牛做聘禮娶走的：第三個女兒到了出嫁的時候，卻一直沒有人肯出九頭牛來娶，原因是她非但不漂亮，還很懶惰。後來遠方一個叫馬奇的人聽說了這件事，就對李老漢說：「我願意用九頭牛娶你的女兒。」李老漢非常高興，真的把三女兒嫁給了遠方的馬奇。

過了幾年，李老漢去看自己遠嫁他鄉的三女兒。沒想到，三女兒能親自下廚做美味佳餚來款待他，而且從前的醜女孩變成了一個氣質脫俗的漂亮女人。

李老漢很震驚，偷偷地問女婿：「難道你有魔法嗎？你是怎麼把她調教成這樣的。」

女婿說：「我沒有調教她，我只是始終堅信你的女兒值九頭牛的價，所以她就一直按照九頭牛的標準來做，就這麼簡單。」

企業裏面往往有一些讓領導頭痛的平庸下屬，領導不可遺棄他們，冷落他們，而是要適當地激勵他們。

40 厲害的觀察力

遊戲人數：集體參與

遊戲時間：30 分鐘

遊戲材料：

一個紙箱、10 種不同物品(參考學員人數，至少每人可觀察一種)

遊戲場地：教室

遊戲主旨：

每個人都希望有敏銳的觀察力，觀察力並不是天生的，後天的積極訓練同樣可以讓你具備一雙有穿透力的眼睛。

遊戲方法：

1. 將物品置入密閉箱中，並告訴學員有 3 分鐘觀察時間。
2. 學員討論 5 分鐘後，取出物品觀察，每人每次限取一種。
3. 觀察時不得用筆記錄。
4. 培訓者提醒學員們，可用不同方式觀察，如將物品(分大、

中、小，顏色可分鮮豔與淺色，甚至可選與草地顏色接近者）置於長條型草地上，請學員在特定距離外觀察（可用繩子隔開），並於終點告訴培訓師觀察到的物品個數。

5.這個遊戲還可以包括一些難度變化：先問物品個數然後問品牌、顏色等外觀，再問特徵等細節，甚至觀察時間內可安插觀察物品外的情節，再詢問觀察者。

 遊戲討論：

1. 觀察事物的順序是怎樣的？經過比較，你是否認為你一貫的做法需要改進？

2. 當遊戲增加難度時，你有沒有被打亂？

 遊戲總結：

1. 公司員工要具有良好的職業素養和吃苦耐勞精神外，還需要具有敏銳的觀察力。所謂的觀察力，並不僅僅指發現問題或揣摩別人心思的能力，實際上，這種觀察力還體現在普通的工作中。其實，觀察力也可被理解為一種學習能力。一件工作怎麼做，觀察力強的人能夠很快從別人那裏「取經」來，很快可以得心應手，甚至由於吸取了眾多人的經驗而幹得比任何人都出色。這一點對於一家公司而言是很可貴的，畢竟天才似的員工不可奢求，如果每個普通員工都有敏銳的觀察力，那麼這將是一家了不起的公司。

2. 作為管理者，必須要善於觀察員工，觀察他們的心理變化和能力變化，及時對員工的工作作出正確的反應，這樣才可能激發員工的積極性，並對不守規則的人加以懲罰。

 培訓小故事

只想不做的公羊

有隻公羊對它臥室裏的糊牆紙越看越喜愛，它注視著那張紙很久，視線也不離開。有一次它自言自語地說：「看上面的草是多麼的整齊，又有些鮮嫩的味道，真叫我眼饞。」

「我親愛的，」公羊的妻子說：「你在床上待的時間太長了，到外面活動一下身子骨吧！吃一些青草。」

「不要那麼著急嗎，我一會就去。」

過了一段時間，它們終於來到了臥室外。公羊的妻子說：「這裏是最好的青草了，長得多麼茂盛。」

公羊大叫道：「這裏的草長得這麼參差不齊，凌亂不堪，看上去一點鮮嫩感都沒有，這叫我怎麼吃呢？」

公羊非常生氣地又蹦又跳地回到自己的臥室。可是當它一看到糊牆紙時，就高興得把剛才的一切都忘了。

公羊歎道：「我什麼時候才能有這樣一片青草啊！能讓我吃到一次我就心滿意足了。」

從此之後，公羊很少離開那張床，它一直躺在那裏朝著牆壁微笑，最後直到慢慢地脫毛。

如果一個領導者每天只是想而不是去做，也不激勵自己的團隊，最終就會落得公羊那樣的下場。

41 99.9%或者 100%

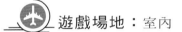 **遊戲人數**：集體參與

遊戲時間：30 分鐘

遊戲材料：列有相關統計數字的資料人手一份，內容見附件

遊戲場地：室內

遊戲主旨：

很多時候我們認為 99.9%的合格率已經夠好了，但真的如此嗎？下面的遊戲將幫助大家更好的認識這個問題，並在工作的過程中擺正自己的心態。

遊戲方法：

1. 提問：如果在座的學員奉命去主管一條生產線，他們可以接受怎樣的品質標準？（品質標準用合格品佔全部產品的百分比來表示。）以舉手方式統計學員可以接受的品質標準。

百分比	接受人數
90%	
95%	
96%	
97%	
98%	
99%	

2.告訴學員,現在有些公司正在努力把不合格率降到僅為 1% 的 1/10——即 99.9%的品質合格率!提問:是否 99.9%的合格率已經足夠?

3.舉出材料上令人震驚的統計數字,說明即使是 99.9%的合格率也會造成嚴重的不良後果。

4.最後告訴學員,摩托羅拉的承諾是達到「六星級」的品質標準——在每一百萬件產品中,不合格品應少於三件。

 遊戲討論:

1.你仍然對 99.9%的合格率感到滿意?

2.我們的顧客是否會對此標準感到滿意?

 遊戲總結:

1.在現實生活中,我們都想當然地認為 99.9%的合格率應該是最好的了,不可能存在 100%的準確率,但是我們忽視了比率的基數,正如材料中所指出的,當比率的基數足夠大的時候,任何事物

都會導致非常嚴重的後果，所以我們的目標不應該是 99.9%，而應該是 100%。

2.推廣到做人的哲學上，每個人都對自己有要求，但是很多人認為只要做得差不多就行了，但是就是這小小的一步卻讓天才和庸才有了巨大之差別，吳國當時因為一念之差沒有將越國全部滅掉，留下了越王勾踐的一條性命，結果越王臥薪嚐膽，最終卻將吳國給消滅了。吳國所犯的最大的錯誤就是認為已經夠好了，而沒有去追求最好。

3.本遊戲可以幫助管理者在工作中測試員工的認真度和進取心，並幫助他們激勵員工的精益求精的精神。

附件：

如果 99.9%已經夠好的話，那麼……

每天會有 12 個新生兒被錯交到其他嬰兒父母手中。

每年會有 11.45 萬雙不成對的鞋被裝船運走。

每小時會有 18322 份郵件投遞錯誤。

今年會有 200 萬份文件被美國國內稅務局(IRS)弄丟。

250 萬本書將被裝錯封面。

每天會有 2 架飛機在降落到芝加哥奧哈拉機場(O’Hare airport)時，安全得不到保障。

《韋氏大詞典》將有 315 個詞條出現拼寫錯誤。

每年會有 2 萬個誤開的處方。

將有 88 萬張流通中的信用卡在磁條上保存的持卡人信息不正確。

一年中將有 103260 份所得稅報表處理有誤。

將有 550 萬盒軟飲料品質不合格。

291 例安裝心臟起搏器的手術將出現失誤。

每天將有 3056 份《華爾街日報》內容殘缺不全。

 培訓小故事

蝴蝶效應

1960 年，美國麻省理工學院教授洛倫茲研究「長期天氣預報」問題時，出現了疑難問題：她在電腦上用一組簡化資料類比天氣的演變，原本是想利用電腦的高速運算來提高天氣預報的準確性。但是事與願違，多次計算表明，初始條件的極微小差異會導致錯誤的結論。洛倫茲發現了微小差異導致的巨大反差，她用一個形象的比喻來表達這個發現：一隻小小的蝴蝶在巴西上空振動翅膀，它扇動起來的小小漩渦與其他氣流匯合，可能在一個月後的美國德克薩斯州會引起一場風暴。

微小的蝴蝶扇動翅膀最終能引發一場大的風暴，乍聽之下是不可思議的，但是這種事實卻是存在的。

「差之毫釐，謬以千里」，正是一點微小的改變，對結果的

影響卻是巨大的，於是「細節決定成敗」的說法便應運而生。那麼在我們的工作當中，什麼樣的細節能決定我們的成敗呢？細想之下，唯有態度才有這樣的能力，即「態度決定成敗」。

42 協調一致的體育活動

遊戲人數：5 人以上一組為佳

遊戲時間：5～10 分鐘

遊戲材料：無

遊戲場地：空地

遊戲主旨：

這個遊戲可以激發參與者的興趣，並能讓他們從遊戲中體會友誼和協作的樂趣，這個遊戲還可以在培訓中場或結束時使用，既可以活躍課堂氣氛，還能幫助學員放鬆神經，增強學習效果。

遊戲方法：

1. 將學員分成幾個小組，每組在 6 人以上為佳。

2.每組先派出兩名學員，背靠背坐在地上，兩人雙臂相互交叉，合力使雙方一同站起，以此類推，每組每次增加一人，如果嘗試失敗需再來一次，直到成功才可再加一人。

3.培訓者在旁觀看，選出人數最多且用時最少的一組為優勝。

 遊戲討論：

1.你能僅靠一個人的力量就完成起立的動作嗎？

2.如果參加遊戲的隊員能夠保持動作協調一致，這個任務是不是更容易完成？為什麼？

3.你們是否想過一些辦法來保證隊員之間動作協調一致？

 遊戲總結：

1.別看這個遊戲簡單，但是依靠一個人或幾個人的力量是不可能完成的。因為在這個遊戲中，大家組成了一個整體，需要全力配合才可能達到目標。它可以幫助學員體會團隊相互激勵的含義，幫助他們培養團隊精神。

2.這遊戲考驗每個小組的領導者，看他怎麼指揮和調動隊員。因為這個遊戲不但需要大家通力合作，還需要每個參與者的密切配合。如果步調不一致，大家的力氣再大也不可能順利完成。這種情況下，作為小組的領導者，應該想一些辦法來解決這個問題。例如可以讓大家以他馬首是瞻，跟隨他的動作；更有效的就是想出一個口號，既可以鼓舞士氣又能統一大家的節奏。

3.無論隊員還是領導者都應該明白，任何一個人的不配合都會對小組的行動產生負面效果。培訓者應注意在遊戲結束後，要幫助

完成效果不好的小組找出原因。幫助他們樹立團隊意識，引導他們總結自己的失誤。這對學員的素質提高有很大幫助。

 培訓小故事

木匠在為誰蓋房子

一個年紀很大的木匠就要退休了，他告訴他的老闆：他想要離開建築業，然後跟妻子及家人享受一下輕鬆自在的生活。老闆實在有點捨不得這樣好的木工離去，所以希望他能在離開前，再蓋一棟具有個人風格的房子來。木匠雖然答應了，不過他的把自己的心思都放在退休之後的生活上，根本沒有很用心地蓋房子。他隨便用了些劣質的材料，草草地就把這間屋子蓋好了。

房子落成時，老闆來了，看了看房子，然後把大門的鑰匙交給這個木匠說：「這間就是你的房子了，這是我送給你的禮物！」木匠實在是太驚訝了，也很羞愧。如果他知道這間房子是他自己的，他一定會用最好的建材、用最精緻的技術來把它蓋好。然而，現在他卻為自己造成了一個無法彌補的遺憾。

老木匠為什麼會覺得羞愧？因為他沒有做好自己的工作，給自己的工作生涯畫上了一個不圓滿的句號。

在現實生活中，「老木匠」式的人並不少。他們在工作當中缺乏必要的主人翁意識，沒有把工作當成是自己的，他們僅僅把自己定位為「打工者」。我們經常可以聽到諸如「我只是個打

工的，工作好壞跟我一點關係都沒有」、「我又不是老闆，考慮那麼多做什麼」的話，在這些人的心目中，公司是老闆的，工作做得好不好與自己無關，本身就是一種錯誤的工作態度。

　　從中我們就可以看出，一個人要想獲得老闆的提拔、長遠的發展，就必須時刻記住，你是在為自己工作，而不是在為老闆工作。

　　為自己工作和為老闆工作有什麼區別嗎？有，並且很大。如果你覺得自己是為老闆工作，那麼凡事做到合格即可；如果你是為自己工作，你肯定希望做到最好。不同的工作態度最終會有不同的結果，顯然，受到這種結果影響的不僅僅是公司、老闆，還包括員工本身。因為晉升、加薪的機會總是青睞那些把工作做到完美的人。從更深一個層面來說，只有員工把工作做到完美，公司才能發展，只要公司發展，首先受益的就是員工。這是一個簡單的道理，但是很多人卻始終沒有看透。

心得欄

43 有趣的模仿秀

遊戲人數：集體參與

遊戲時間：15 分鐘

遊戲材料：無

遊戲場地：不限

遊戲主旨：

　　這個遊戲在於說明團隊的形成，在於每個成員之間的互相配合。

遊戲方法：

　　1. 讓學員站成一圈，培訓者先站在其中做示範。

　　2. 遊戲開始時，培訓者抬起手隨意指向另一個學員，這個被指的學員需要也抬起手指向另一個學員，以此類推，直到所有人都指著別人為止。告訴大家不許指向已經指著別人的人，當大家都指著別人時，才可以把手放下。培訓者可以退出圈子，讓學員們自行遊戲。

3.告訴他們，請他們把目光鎖在剛才指向的人的身上。他們的工作就是監督那個人，要模仿那個人的每個動作。記住，是每一個動作，無論這個動作有多小，多麼不經意。

4.學員們只能站著不動，只有他們的模仿目標動了他們才能動。

5.遊戲開始後你會發現，到處都是小動作。無論什麼時候，當有人做了一個動作，這個動作將會被大家傳播開，無休止的重覆下去。

 遊戲討論：

1.有誰知道這個動作是誰最先發起的嗎？

2.當某人先開始後，一旦別人都這麼做了，有什麼麻煩？

3.這個遊戲是如何模擬你的團隊在現實生活中的做法的？玩這個遊戲的代價是什麼？對你來說，你個人停止參與這個不良循環，是多麼重要？為了改變這種規範，你願意做什麼？

 遊戲總結：

這個遊戲既可激發學員的學習熱情還可以活躍氣氛，學員從這個遊戲裏應該學到兩件事：一是作為團隊的成員，他們有義務維護團隊的規則並與隊員密切配合；另一方面，當團隊的規則出現不合理的地方時，需要有成員及時出來叫停，以免團隊向不好的方向發展。這是需要勇氣和智慧的，切忌為了盲目地維護團隊規則而帶領團隊走向滅亡。

培訓小故事

砌牆與建設

　　三個工人在砌一堵牆。有人過來問他們：「你們在幹什麼？」第一個人沒好氣地說：「沒看見嗎？砌牆。」，第二個人抬頭笑了笑說：「我們在蓋一棟高樓。」第二個人邊幹活邊哼著小曲，他滿面笑容開心地說：「我們正在建設一座新城市。」10年後，第一個人依然在砌牆；第二個人坐在辦公室裏畫圖紙──他成了工程師；而第三個人，是前兩個人的老闆。

　　雖然這三個人做的事情是一樣的，但是他們面對工作的心態不一樣，所以結果也就不一樣。說砌牆的人以抗拒、抱怨的心態來面對自己的工作，他不會喜歡自己的工作，也就不能獲得發展，所以，他一直都在「砌牆」。說蓋樓的人以平靜、客觀的態度來面對自己的工作，所以，他最終成了一名工程師。而說建設城市的人以愉悅的心態來面對工作，甚至愛上了自己的工作，最終獲得長遠的發展，成了前兩個人的老闆。

　　這就是心態的力量：同樣的起點，卻有著不一樣的終點。第三人和前兩個人相比具備什麼優勢嗎？沒有，唯一不同的就是他的心態。由此我們可以發現，要想在工作上獲得長遠的發展，最好的辦法拒絕抱怨，愛上自己的工作。只有愛上我們的工作，我們才會愉快地工作，才能把工作做得更好、在工作當中獲得發展，取得成就。

「愛上自己的工作」是當今職場的一個口號，只要我們認真去做，不僅僅會讓自己受益，而且也會讓公司受益。試想，如果公司中人人都能愉快地工作，那麼公司的整體效率是不是就會得到提高，員工工作品質是不是會得到提高？答案是顯而易見的。那麼公司的業績上升也是顯而易見的。

我們從另外一個角度來看，只要公司業績上升了，那麼員工從公司當中獲得的利潤也就多了，員工獲得利潤多了，就會更加喜歡自己的工作。這是一個良性迴圈，員工的付出，最終收穫的還是員工。這一切，源自一個心態的改變。

44 兩種動物的比較

遊戲人數：集體參與

遊戲時間：15 分鐘

遊戲材料：無

遊戲場地：不限

 遊戲主旨：

鴨子和老鷹的探討，來自於古印度的一個傳說，分別代表了兩種迥然不同的工作和生活態度。

 遊戲方法：

1.培訓者引導學員說一說，在他們心中，鴨子和老鷹有那些不同特點。

2.學員們說完後，培訓者將下述材料念給學員們聽：

只看表面的話，鴨子和老鷹的確有很多相似的地方。但實際上，它們卻是兩種截然不同的動物。如果你知道從何處切入觀察的話，你很快就會認出鴨子來，雖然兩種動物都會飛，但是老鷹在高空盤旋的同時，鴨子只能緊依在水面生活。

鴨子一個很明顯的特徵是它的嘎嘎叫聲。它整天都發出這種叫聲，早上醒來時嘎嘎叫，餵食前也嘎嘎叫，別的鴨子偷它的飼料它也嘎嘎叫，有一件事沒做到，它也會嘎嘎叫。只有高叫，沒有行動——這是一個很糟的方法。

你認得出老鷹嗎？老鷹會做事，鴨子只會嘎嘎嘎。

3.念完後，再讓學員們發表感想，看看他們對鴨子和老鷹的認識是否會改變。

 遊戲討論：

1.在遊戲剛開始時，你認為鴨子和老鷹有什麼區別？

2.隨著遊戲的深入，你對這兩種動物的認識有了那些改變？為

什麼？

 遊戲總結：

1. 鴨子嘎嘎嘎的內容不外是理由、藉口、沒有意義的話和抱怨。總有一天，鴨子會被解僱。如果公司有問題，他們一定是第一批被開刀的。接著他們會說：「真不公平，我想我的老闆對我有成見。」反之，老鷹會得到支持。很重要的一件事，我們不應該像鴨子般，做不出個成果，只會嘎嘎地叫。我們要避免公司內、部門內及小組內有鴨子的存在。有些人認為我們也可以給鴨子一點動力。但你知道結果是什麼嗎？

2. 列出一些鴨子和老鷹的不同之處：

‧ 鴨子說：這我可做不到；老鷹會問：我如何才能做得到？

‧ 鴨子是悲觀主義者；老鷹是樂觀主義者。

‧ 鴨子們互相敍說負面結果，甚至會為了這事由開個鴨子大會；老鷹大多報導正面的成果。

‧ 鴨子不到必要絕不做事，大多是連一次都不做；老鷹會多飛幾裏，他們付出的比要求的多。

‧ 鴨子工作緩慢，他們的準則是：「我是來工作的，又不是來逃難的。」老鷹則是「儘快完成所有的事」。

‧ 鴨子光是一隻嘴很會說，找藉口不做事更是一流；老鷹時時學習，努力做事。

‧ 鴨子很會找藉口；老鷹會找解決方法。

‧ 鴨子不敢冒險；老鷹也會恐懼，但是他們還是去做，老鷹很有勇氣。

- 鴨子從十點工作到下午六點；老鷹從六點到十點都在工作。
- 鴨子在每個機會裏找問題；老鷹在每個問題裏看見機會。
- 鴨子在人背後閒言閒語，他們要這樣做才會覺得快樂；老鷹只談正面的事，否則就保持沉默。
- 鴨子要花很長的時間做決定，做事卻只有 3 分鐘的熱度；老鷹果決行事，因為他對自己很有信心。
- 鴨子把精神都擺在問題上，而且只會空談；老鷹把時間擺在解決方法上，而且會實踐。
- 鴨子會記恨；老鷹懂得寬恕。
- 鴨子等人餵，如果飼料不夠，他會大聲叫；老鷹懂得負責，他只取所需。
- 鴨子愛他所擁有的東西；老鷹設法取得所愛的東西。
- 鴨子一有小事就激動得不得了，還以為這樣做很好；老鷹不會做這種可笑的事。
- 鴨子的生活圈只有一個小池塘；老鷹可以登高峰飛向藍天。
- 鴨子責備不如意的事；老鷹改變不如意的事。

3. 作為管理者值得注意的是，別再養一群小鴨子了！而作為員工也要慎選領導者，因為在領導者中也存在著鴨子和老鷹的區別。

4. 小鴨子從鴨群學到什麼呢？學到怎麼嘎嘎叫。反之，老鷹會督促身邊的人。如果小鷹沒有展翅，鷹父母會飛去撐起小鷹，把小鷹抓回巢裏。這麼做只是為了把小鷹再推出去一次，直到小鷹學會飛為止。

5. 在老鷹四週的人都得成長，老鷹沒辦法忍受停滯不前和懶惰，他們對環境的期望很高，也會督促他人，所以老鷹是有影響力

的人，是領導者。他們對新事物有興趣，他們觀察環境，想讓一切變得更好。這可能是老鷹受人尊敬，常被拿來做徽章的原因吧。老鷹是我們的典範，贏家的生活就如同老鷹的生活。

培訓小故事

馬和驢子

馬和驢子是好朋友，馬在外面拉東西，驢子在屋裏推磨輪。

後來，馬被玄奘大師選中，出發經西域前往印度取經。17年後，這匹馬馱著佛經回到長安，功德圓滿。而驢子還在磨坊裏推磨，默默無聞。

驢子很羨慕馬:「你真厲害呀！那麼遙遠的道路，我連想都不敢想。」

老馬說，「其實，我們走過的距離是大體相等的，只是我是朝向目標，向前走，而你是原地打轉而已。」

故事中的驢子和馬代表了現實生活中的兩種人——沒有計劃和有計劃的人。

芸芸眾生中，真正的天才或白癡都是極少數，絕大多數人的智力都相差不多。然而這些人在走過漫長的人生路後，有的功蓋天下，有的卻碌碌無為。本是智力相近的一群人，為何他們的成就卻有天壤之別呢？有計劃，照著計劃去執行。

45 失去的東西

遊戲人數：集體參與

遊戲時間：10 分鐘

遊戲材料：無

遊戲場地：不限，最好在戶外

遊戲主旨：

　　本遊戲通過講故事的形式，讓學員理解「激勵」的重要性，這故事採取生動的比喻，將管理學中的「激勵」向學員娓娓道來，並對他們的行為有所啟發，可以指導他們的學習和工作。

　　這種遊戲可以用於培訓的中間階段，當培訓者發現學員的學習積極性和接受力下降時，可以通過講這種小故事來緩解壓力。

遊戲方法：

　　1. 讓學員們坐好，儘量採用讓他們舒服和放鬆的姿勢。

　　2. 培訓者給學員講述如下的故事：

　　這是一個關於越戰結束後一士兵的故事……

他打完仗回到國內，從三藩市給父母打了一個電話：「爸爸，媽媽，我要回家了。但我想請你們幫我一個忙，我要帶我的一位朋友回來。」

「當然可以。」父母回答道，「我們見到他會很高興的。」

「有些事情必須告訴你們，」兒子繼續說，「他在戰鬥中受了重傷，他踩著了一個地雷，失去了一隻胳膊和一條腿。他無處可去，我希望他能來我們家和我們一起生活。」

「我很遺憾地聽到這件事，孩子，也許我們可以幫他另找一個地方住下。」

「不，我希望他和我們住在一起。」兒子堅持。

「孩子，」父親說，「你不知道你在說些什麼，這樣一個殘疾人將會給我們帶來沉重的負擔，我們不能讓這種事干擾我們的生活。我想你還是快點回家來，把這個人給忘掉，他自己會找到活路的。」

就在這個時候，兒子掛上了電話。

父母再也沒有得到他們兒子的消息。然而過了幾天後，接到三藩市警察局打來的一個電話，被告知他們的兒子從高樓上墜地而死，警察局認為是自殺。

悲痛欲絕的父母飛往三藩市。在陳屍間裏，他們驚愕地發現，他們的兒子只有一隻胳膊和一條腿。

3.培訓師講完故事後，讓學員們就此故事展開討論，讓他們講講聽完這個故事後得到什麼啟發。

遊戲討論：

1. 你覺得這個故事怎麼樣？
2. 從這個故事中，你得到什麼啟發？
3. 你對「激勵」有什麼新認識？

 遊戲總結：

1. 這是一個很有寓意的故事。故事中的父母就和我們大多數人一樣，要去喜好面貌姣好或談吐風趣的人很容易，但是要喜愛那些造成我們不便或不快的人卻太難了。我們總是和那些不如我們聰明、美麗或健康的人保持距離。有些人卻不會對我們如此殘酷，他(她)們會無怨無悔地愛我們，不論我們多麼糟，總是願意接納我們。

2. 每個人心裏都藏著一種東西叫友情，你不知道它究竟是如何發生，但你卻知道它總是給我們帶來特殊的禮物。你也會瞭解友情是上帝給我們最珍貴的贈予。朋友就像稀奇的寶物，它帶來歡笑，激勵我們成功，他們的心房永遠為我們敞開。看畢此文後，就告訴你的朋友，你有多在乎他們，把這篇文章轉寄給所有你認為是朋友的人，如果這篇文章又回來，你將知道你擁有了一輩子的朋友。

3. 引導學員瞭解這一層意思之後，可以鼓勵他們多想一些激勵的方法。這本身就是一個激發學員潛能的例子。讓學員們自己想一些激勵法也可以幫助他們加深記憶，以便將這種理念回到工作中去。

培訓小故事

螞蟻的規劃

有兩隻螞蟻想翻越前面一堵牆，尋找牆那邊的食物。牆長近 100 米，高 20 來米。第一隻螞蟻來到牆腳，心想：這牆高只有 20 米，而長卻有近 100 米，我只要翻過這座牆，就能吃到那面的食物。於是，它做了規劃，爬到 10 米的時候休息一下，爬到 15 米的時候再休息一下。規劃好之後，它毫不猶豫地向上爬去，辛苦地努力著向上攀爬。可是每天它爬到大半時，就會由於勞累、疲倦等因素而被風吹落下來。可是它不氣餒，它相信只要有付出就會有回報，只要堅持不懈，就會距離成功越來越近。一次跌下來，它迅速調整一下自己，又開始向上爬去。而另一隻螞蟻觀察了一下，決定繞過這段牆去。因為它很清楚，這牆雖然只有 20 米，看似很近，但是自己是爬不上去的，還是走 100 米繞過去比較現實。慢慢地，這只螞蟻繞過牆來到食物面前開始享用起來，而那只螞蟻還在不停地跌落下去又重新開始。

面對同樣的情況，兩隻螞蟻做了兩種截然不同的規劃。當然，最後的結果也是截然不同的。一隻螞蟻在制定計劃的時候，只是講究快速、高效，卻沒有考慮到現實性。而另外一隻螞蟻在制定計劃的時候則顯得比較冷靜，它知道牆高 20 米，對於自己來說是不可能完成的任務，還是繞著走近 100 米比較現實，

最終獲得了成功。

其實，這兩隻螞蟻代表著現實生活中的兩種員工——盲目型和理智型。雖然盲目型的員工工作也很努力，並且也知道堅持不懈，但是最終還是沒有成功的可能。原因很簡單，規劃不正確，努力的方向出現了錯誤，那麼再努力也只能是南轅北轍，離成功越來越遠。而理智型員工在制定計劃時比較務實，以可行性為基礎，雖然看起來比較麻煩，但是最終還是能獲得成功。從中我們可以得出一個結論：在做好工作計劃的時候，要以可行性為底線。再完美的計劃，如果不可行，也只能是一張廢紙。

46 再撐一百步

遊戲人數：集體參與

遊戲時間：10 分鐘

遊戲材料：無

遊戲場地：不限，最好在戶外

遊戲主旨：

本遊戲通過講故事的形式，讓學員理解培訓課程中「激勵」的重要性。這個故事採取生動的比喻，將管理學中的「激勵」向學員娓娓道來，並對他們的行為有所啟發，可以指導他們的學習和工作。另外，這種遊戲可以用於培訓的中間階段，當培訓者發現學員的學習積極性和接受力下降時，可以通過講這種小故事來緩解壓力。

 遊戲方法：

1. 讓學員們坐好，儘量採用讓他們舒服和放鬆的姿勢。

2. 培訓者給學員講述如下的故事：

美國華盛頓山的一塊岩石上，立下了一個標牌，告訴後來的登山者，那裏曾經是一個女登山者躺下死去的地方。她當時正在尋覓的庇護所「登山小屋」只距她一百步而已，如果她能多撐一百步，她就能活下去。

3. 講完故事後，讓學員們就此故事展開討論，讓他們講講聽完這個故事後得到什麼啟發。

 遊戲討論：

1. 你覺得這個故事怎麼樣？

2. 從這個故事中，你得到什麼啟發？

3. 你對「激勵」有什麼新認識？

遊戲總結：

1. 這是一個很有寓意的故事。故事告訴我們，倒下之前再撐一會兒。勝利者，往往是能比別人多堅持 1 分鐘的人。即使精力已耗盡，人們仍然有一點點能源殘留著，運用那一點點能源的人就是最後的成功者。人生中充滿風雨，懂得竭盡全力抵抗風雨的人才是人生的主宰者，才不會被命運打倒。

2. 引導學員瞭解這一層意思之後，可以鼓勵他們多想一些激勵的方法。這個環節本身就是一個激發學員潛能的例子。讓學員們自己想一些激勵法也可以幫助他們加深記憶，以便將這種理念帶回到工作中去。

 **培訓小故事**

新龜兔賽跑

兔子與烏龜第一次賽跑輸了以後，總結經驗教訓，並提出與烏龜重賽一次。賽跑開始後，烏龜拼命往前爬，心想：這次我輸定了。可當它到了終點，卻不見兔子，正在納悶時，見兔子氣喘吁吁地跑了過來。烏龜問：「兔兄，難道又睡覺了？」兔子哀歎：「睡覺倒沒有，但跑錯了路。」原來兔子求肚心切，在比賽之初，根本就沒有辨清終點的方位，一路上埋頭狂奔，恨不得三步兩躥就到終點。估計快到終點了，它抬頭一看，發覺竟跑在另一條路上，因而還是落在了烏龜的後面。

　　兔子之所以再一次敗給了烏龜，是因為它走錯了路。而它之所以會走錯路，原因是它在比賽之初根本就沒有搞清楚終點的方位，以至於跑了半天才發現跑錯了路。這就是我們常說的，埋頭拉車還得抬頭看路。

　　在現實工作中，我們身邊有很多人都屬於「兔子」類型的人，他們有能力、有條件、有機會，甚至有自己的核心競爭力，但是在和對手的競爭中，經常因為搞錯了努力的方向，最終還是落入失敗的境地。由此可見，認清目標對於我們來說是非常重要的，在制定工作計劃的時候，一定要準確。否則一步錯，步步錯，差之毫釐，謬以千里。

　　要想在和對手的競爭中獲得成功，除了要有埋頭拉車的能力之外，還得要記得抬頭看一下路是否正確，否則方向錯了，再有能力也只能是白搭。正如職場上的很多員工，能力都不差，可是他們沒有把精力都放在工作上，那麼依然不能提高成功的幾率。只有同時具備競爭能力和正確的方向，成功才會有保證。

心得欄

- -

- -

- -

- -

- -

- -

47 工作安排的技巧

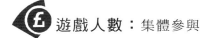

遊戲人數：集體參與

遊戲時間：10 分鐘

遊戲材料：無

遊戲場地：不限，最好在戶外

遊戲主旨：

　　這遊戲通過講故事的形式，讓學員理解培訓課程中「激勵」的重要性。這個故事採取生動的比喻，將管理學中的「激勵」向學員娓娓道來，並對他們的行為有所啟發，可以指導他們的學習和工作。

　　這種遊戲可以用於培訓的中間階段，當培訓者發現學員的學習積極性和接受力下降時，可以通過講這種小故事來緩解壓力。

遊戲方法：

　　1.讓學員們坐好，儘量採用讓他們舒服和放鬆的姿勢。

　　2.培訓者給學員講述如下的故事：

　　在一次時間管理的課上，教授在桌子上放了一個裝水的罐子。

然後又從桌子下面拿出一些正好可以從罐口放進罐子裏的「鵝卵石」。當教授把石塊放完後問他的學生道:「你們說這罐子是不是滿的?」

「是,」所有的學生異口同聲地回答說。

「真的嗎?」教授笑著問。然後再從桌底下拿出一袋碎石子,把碎石子從罐口倒下去,搖一搖,再加一些,再問學生:「你們說,這罐子現在是不是滿的?」這回他的學生不敢回答得太快。最後班上有位學生怯生生地細聲回答道:「也許沒滿。」

「很好!」教授說完後,又從桌下拿出一袋沙子,慢慢地倒進罐子裏。倒完後,於是再問班上的學生:「現在你們再告訴我,這個罐子是滿的呢?還是沒滿?」

「沒有滿,」全班同學這下學乖了,大家很有信心地回答說。

「好極了!」教授再一次稱讚這些「孺子可教也」的學生們。稱讚完了後,教授從桌底下拿出一大瓶水,把水倒在看起來已經被鵝卵石、小碎石、沙子填滿了的罐子。當這些事都做完之後,教授正色問他班上的同學:「我們從上面這些事情得到什麼重要的啟示?」

班上一陣沉默,然後一位自以為聰明的學生回答說:「無論我們的工作多忙,行程排得多滿,如果要逼一下的話,還是可以多做些事的。」

這位學生回答完後心中很得意地想:「這門課到底講的是時間管理啊!」教授聽到這樣的回答後,點了點頭,微笑道:「答案不錯,但並不是我要告訴你們的重要信息。」說到這裏,這位教授故意頓住,用眼睛向全班同學掃了一遍說:「我想告訴各位最重要的

信息是，如果你不先將大的「鵝卵石」放進罐子裏去，你也許以後永遠沒機會把它們再放進去了。

3.講完故事，讓學員們就此故事展開討論，讓他們講講聽完這個故事後得到什麼啟發。

 遊戲討論：

1.從這個故事中，你得到什麼啟發？

2.你對「激勵」有什麼新認識？

 遊戲總結：

1.引導學員瞭解這一層意思之後，可以鼓勵他們多想一些激勵的方法。這個環節本身就是一個激發學員潛能的例子。讓學員們自己想一些激勵法也可以幫助他們加深記憶，以便將這種理念帶回到工作中去。

2.這是一個很有意思也很有寓意的故事。時間總是一去不復返的，懂得利用時間的人，就是生命的主宰者。就像故事裏告訴我們的，我們安排時間時，先要分清事情的主次，找出重要的「大鵝卵石」，先把這些重要的事情安排好，再在時間縫隙裏穿插進相對次要的事情，這樣才是對時間的合理安排。

3.這個故事還告訴我們，觀察事物要仔細，努力去找出與其他事物不同的地方。例如這個故事裏的學生們，他們過分專注於以前學過的時間管理的知識，就難於跳出這個圈子，導致久久都不能理解教授的真正用意。

培訓小故事

漁竿和魚的故事

　　陌路的兩個漁夫分別有一根漁竿和一筐魚。兩個人都想去海邊捕魚，但最後兩個人都餓死在海邊。同行的兩個漁夫也有一根漁竿和一筐魚，他們兩個商定共同去海邊捕魚，他倆以魚為糧，經過遙遠的跋涉，來到了海邊，以捕魚為生，慢慢地過上了幸福安康的生活。

　　為什麼前面兩個人會餓死呢？很簡單，得到魚的人來到海邊卻沒有漁具，吃光魚後他便餓死在空空的魚簍旁。而得到漁竿的人則忍饑挨餓，一步步艱難地向海邊走去，可當他掙扎到海邊，卻再無力氣釣起魚來，終於餓死。而後面兩個人既有魚吃又有漁竿，趕到海邊便衣食無憂。

　　如果把到海邊釣魚為生當成目標的話，那麼手中的魚或漁竿就是現實。要想達到目標，首先就應該考慮現實的情況。只有目標，沒有現實，就會像那個只得到魚的人一樣，最終因為沒有漁具而餓死在海旁邊；同樣的道理，如果沒有目標，只有現實，那麼就會像那個只得到漁竿的人一樣，趕到海邊卻再無力氣。由此可見，我們只有將目標和現實結合起來，才能把事情落到實處。就像後面兩個人一樣，既有魚又有漁竿，最後才能過上幸福的生活。

　　如何處理好目標和現實之間的關係是職場人士必須要搞清

楚的問題之一：有的員工沒有目標，得過且過，終究不會有什麼發展；而有的員工有長遠的目標，但是現實條件卻差得太遠，那麼終究也無力完成自己的目標。只有將目標設定在現實基礎之上，我們才有可能真正獲得發展，才能真正把工作做好、落到實處。這就是這則故事給我們的啟示。

48 想要獲得成功的秘訣

遊戲人數：集體參與

遊戲時間：10 分鐘

遊戲材料：無

遊戲場地：不限，最好在戶外

遊戲主旨：

　　這個培訓遊戲通過講故事的形式，讓學員理解培訓課程中「激勵」的重要性，故事採取生動的比喻，將管理學中的「激勵」向學員娓娓道來，並對他們的行為有所啟發，可以指導他們的學習和工作。

這種遊戲可以用於培訓的中間階段，當培訓者發現學員的學習積極性和接受力下降時，可以通過講這種小故事來緩解壓力。

 遊戲方法：

1. 培訓者給學員講述如下的故事：

一個年輕人想要獲得成功。他聽說一個智者知道成功的秘密，於是他就去找智者。經過漫長而艱苦的長途跋涉後，年輕人最後終於找到了智者。

「大師，我請求您教我如何成功的秘訣！」年輕人對智者說。

「你想獲得成功就跟我來吧！」智者回答說。

智者沒有理睬年輕人的反應來到了海邊，年輕人立即跟上來。智者繼續向前走直到走進大海，他的身體已經被水淹沒，但是他仍然向大海繼續前進。他突然將年輕人的頭按在了水中，年輕人拼命掙扎最後終於掙脫了。這時智者緊緊握住了年輕人的手，一分鐘後他放開了年輕人。年輕人跳出水面大口地喘著氣。

「蠢貨，你想淹死我嗎？」年輕人憤怒地朝智者喊叫。

「如果你希望獲得成功的願望像是要呼吸到空氣這樣強烈，你就已經找到了成功的秘密！」智者說。

2. 講完故事後，讓學員們就此故事展開討論，讓他們講講聽完這個故事後得到什麼啟發。

 遊戲討論：

1. 你覺得這個故事怎麼樣？你得到什麼啟發？

2. 你對「激勵」有什麼新認識？

遊戲總結：

1. 就像故事中的年輕人一樣，我們每個人都在尋找成功的方法，希望有一個「高人」給我們一些點撥。也像故事中的年輕人一樣，我們總是固執地認為受人點撥或幫助是取得成功的捷徑，卻忽略了自身的力量。那個年輕人後來對空氣的急切需要是否會化成他日後追求成功的動力，我們不得而知，但是通過學習這個故事，我們是否能從中得到一些啟發呢？任何事情的成功，歸根結底在於追求者的堅持不懈，具有這種精神的人用不著高人的指點。因此，對於取得成功的人來說，「高人」就是他們自己。

2. 培訓師引導學員瞭解意思後，可鼓勵他們多想一些激勵的方法。這個環節本身就是一個激發學員潛能的例子，讓學員們自己想一些激勵法也可以幫助他們加深記憶，以便將這種理念帶回到工作中去。

 培訓小故事

黃線與光環

年輕的修女進入修道院以後一直從事織掛毯的工作，但在做了幾個星期之後她再也不願意幹這份工作了。她感歎道：「給我的指示簡直不知所云，麥一直在用鮮黃色的絲線編織，卻突然又要我打結，把線剪斷。這份工作完全沒有意義，真是在浪費生命。」這時她身邊正在織掛毯的老修女卻對她說：「孩子，

你的工作並沒有浪費時間，雖然你織的是很小的一部分，但卻是非常重要的一部分。」隨後老修女帶著她走到工作室裏，將年輕修女先前所織約掛毯攤開在她的面前。看到掛毯後年輕的修女呆住了，原來，她們編織的是「三王來朝」圖，而黃線織出的那一部分則是聖嬰頭上的光環。她沒想到，在她看來不值得做的工作竟是這麼偉大。

年輕的修女在剛開始的時候之所以不想繼續做這份工作，很大一部分原因是她還不瞭解自己工作的重要性，把自己的工作和整體的工作分割開來，從而無法從整體的角度去看待自己的工作。對於她來說，所做的工作無非就是用黃色的絲線打結、然後剪斷，既乏味又無聊。但是對於整體的工作來說，這些黃色的絲線就是聖嬰頭上的光環，不僅不是無聊的、乏味的，而且還是光榮的、有意義的。

同樣的一件事情，從不同的角度看會有不同的意義。很多時候，我們之所以抱怨、不喜歡甚至抗拒工作，就是因為我們不知道工作的重要性。或許從表面上看，我們是在準備一份文件，或者僅是為用戶端一杯咖啡，但是如果從整體上去看，這可能是為公司創造利益中最為重要的一環。檔沒有準備好，談判可能就不會取得成功；如果沒有你端給客戶的一杯咖啡，可能客戶對公司的整體印象就會下降，從而取消合作的意向。由此可見，要想把工作真正落到實處，就必須學會從整體的角度來看待我們的工作。

任何一份工作都是整體中的一部分，員工在執行任務的過程當中要時刻牢記整體意識，只有這樣，我們才能真正明白工

作的意義所在，才能真正把工作做好。從這個角度來說，這也
是提高工作效率、把工作做好的重要組成部分。

49 看出未來命運

遊戲人數：3～5 人一組

遊戲時間：20～30 分鐘。

遊戲材料：

　　為 3～5 人的幾個小組準備一個水晶球和一張桌子。另一個
增加趣味性的選擇是在每張桌子上放一件彩色的斗篷，這件斗篷將
由指定的「命運女神」穿在身上

遊戲場地：不限

遊戲主旨：

　　這個遊戲可以發揮學員的最佳水準，當學員精力不濟的時候激
發他們的活力，同時還可以幫助他們克服焦慮和對失敗的擔心；幫
助員工度過難關，激勵長期表現欠佳的員工；激勵成員；激勵銷售
人員。

遊戲方法：

1. 將參與者分成 3 人的小組，每個小組選一位成員作為「命運女神」——神秘美好未來的佔卜者。

2. 讓每個「命運女神」都將一隻手放在水晶球上，並對桌上一位「被選定的人」覆述下面的話：

你的未來我已看透，

將來的你命運是：

笑聲盈盈，家財萬貫，

春風得意，幸福快樂！

3. 被選定的人然後將他的手放在水晶球上。在接下來的 1 分鐘左右的時間裏，這個人與其他的參與者開始注視著水晶球並為他憧憬美好未來。

4. 然後「命運女神」問被選定的人看到了什麼，再讓其他人描述更多的細節，並加上「她」自己看到的細節。被選定的人又成了下一輪的「命運女神」。

5. 最後，讓每個小組中選出一位代表來做簡短的彙報，並分組就預見美好未來的激勵效力展開評論。

 遊戲討論：

1. 你預見的美好未來是什麼？

2. 當別人關注你的未來的時候，你的感覺如何？

3. 為什麼預見未來是重要的？

遊戲總結：

1. 可以選某小組人，在臺上向其他的參與者表演這個遊戲。為了使遊戲進行得快一點，你也可以自己扮演命運女神。

2. 這是一個充分激發學員想像力和生活熱情的遊戲，通過向著水晶球憧憬美好的未來，學員可以暫時忘掉壓力和不愉快，得到一定的放鬆和休息。同時，學員對未來的憧憬也不會白費，他們可以帶著這份美好的希望投入學習和工作中，潛移默化地向著這個目標奮鬥。

 培訓小故事

瓶子裝滿水的順序

教授在一個罐子裏放了很多鵝卵石，眼看著就要滿出來，教授問學生滿了麼？學生回答滿了。教授往裏面放了一些碎石子，再問，學生又說滿了。教授又往裏面倒了些沙子，學生又說滿了。最後教授又往裏面倒了很多水，直到溢出。隨後，教授問學生，從中學到了什麼道理，學生說，不要輕易說滿。教授笑了笑說：「你們說得有道理，不過我想告訴大家的是，你只有先把大的鵝卵石放進去，再放小石子，最後才能放沙子和水，一旦次序顛倒就不行了。」

要想在一個大罐子裏放下更多的東西，就必須講究放的順序，只有先把大的放進去，才能隨後放進去小的，然後更小的，

最後才能放水，一旦次序顛倒，就不可能放這麼多的東西。這個故事告訴我們一個道理：我們在工作時，面對形形色色的事情，我們要懂得先把那些重要的、緊急的事情先做完，然後再做那些不重要、不緊急的事情，這樣我們才不會耽誤事情，才能提高自己的工作效率。

在現實中，很多人總是很忙，但是他們的工作效率並不高，該做的事情始終沒有做完，甚至一些重要的、緊急的事情一拖再拖，耽誤時間不說，還讓自己失去了很多機會。顯然，這種人成功的幾率並不大。相反，對於另外一些人來說，雖然也忙，但總是能把自己的時間安排得非常合理，既不會耽誤事情，也不會讓自己忙得一團糟，效率還很高。這就是因為他們在制定工作計劃的時候講究順序。

如何提高工作效率一直是很多員工頭疼的問題，為此很多員工想了很多辦法，但是收效甚微。其實要想提高工作效率，只有兩條路可走：一是提高工作能力，這顯然不是在短時間裏能做到的；二是合理安排事情，重要的、緊急的事情先做，那些不重要、也不緊急的事情最後再做。這樣既能節省時間，也不會出現耽誤事情的情況出現。

50 情緒管理的帽子

遊戲人數：集體參與

遊戲時間：40 分鐘

遊戲材料：帽子和演說卡

遊戲場地：會議室或教室

遊戲主旨：

　　這個培訓遊戲可以要求志願者從截然不同的角度進行演說，以激發員工的最佳表現，幫助管理者提高他們的管理水準。激勵成員，交換角色可以激發活力，工作崗位互換可以激發人們的工作積極性。

遊戲方法：

　　1.向大家提示，學新東西和有機會做新事情常常可以激勵人。

　　2.準備較多的帽子，上面寫著他們的崗位角色，如：探險家、教練、偵探、電影導演、棒球隊員、牛仔、警官、廚師等，同時還需要至少六張演說卡，培訓者應將這些演說卡放在另一個容器中。

3.選出幾個志願者。先讓他們到屋外等候，每次進來一個人，讓他走到房間靠前的地方，從桶裏選一頂帽子(把它舉得高高的，使人們可以看得見)，然後，讓他從第二個容器(或者帽子)裏取一張卡片。

4.志願者的任務是從帽子顯示職業的角度，就卡片上的內容做一場 3 分鐘的演說。

5.只要時間允許，讓別的志願者用其他帽子和卡片重覆這個遊戲。

 遊戲討論：

1.人們適應新的角色和從事新任務有多難？

2.讓人們嘗試新的角色和任務有什麼好處？

3.挑戰永遠具有激勵效果嗎？什麼時候它沒有激勵效果？

4.在你的工作場所推行崗位互換方案的可行性如何？

 遊戲總結：

1.工作崗位互換方案是企業成員不定期地在某一日互換工作崗位的方案。最後，就崗位互換方案的可能價值和潛在可行性展開討論。這是一個普遍存在於公司培訓中的遊戲，既有實驗性又具有實戰性。

2.這個遊戲可以考察學員的平時積累和應變能力，也可以讓他們在演講中審視自己，發現自己在某一領域的長處和短處。同時還可以鍛鍊一個人的口才，真是一舉多得的好遊戲啊。

潔癖國王的鞋套

古時候，有一位國王有潔癖，他最討厭自己的鞋底沾上泥土，於是他便下令給大臣，讓他把整個國家的道路全部用布蓋上。大臣在領命之後便開始組織人力丈量全國的道路，但是當他在丈量完所有的道路並加以計算之後，他被眼前的數字驚呆了：將全國所有的道路覆蓋上布，需要 20 萬名工匠不間斷地工作 50 年才能織成，而現在全國的人口也不過才 50 萬。大臣心急如焚，急忙向國王痛陳利弊，說弄不好會因此而亡國。國王聽了大臣的話之後大怒，下令將大臣處死，然後又派了另一個大臣來負責這件事情，結果他很容易就解決了此事——用布給國王做了一雙鞋套。

兩位大臣都想解決同一個問題——不讓國王的鞋底沾上泥土，但是兩個人卻是用了不同的方法：第一個大臣想把整個國家的道路用布蓋上，第二個大臣則給國王做了一雙鞋套。暫且不管第一位大臣的計劃能不能實現，就從工作成效角度來考慮，第二個大臣的做法明顯優於第一個大臣的做法，也正因為如此，第一位大臣被國王處死，而第二位大臣則獲得了成功。

從這兩位大臣的做法和結果來看，我們能獲得這樣一個啟示：做任何事情都不能盲目，要想更快地獲得成功，應該換個角度去思考問題，改變處理問題的方法。很多表面上看似非常

複雜的事情，只要我們換一個角度去看或者改變一種方法去解決，就會變得很簡單。要想解開亂麻，最好的辦法就是拿一把快刀，而不是老老實實地去解每一個結。

　　面對同樣的問題，為什麼有的員工能快速地加以解決，而有的員工卻長時間找不到解決問題的方法呢？並不是前者的智力有多高，而是前者善於開動腦筋，從不同的角度、用不同的方法去思考問題；不像後者，總是處於一種思維定式之中，即便是想破腦袋，也不會有什麼好的解決辦法。所以，很多人都說，工作的態度重要，工作的方法更重要。只有講究方式方法，才能更容易接近成功。

51　全球人類工程的設計

遊戲人數：集體參與

遊戲時間：15 分鐘

遊戲材料：紙和筆

遊戲場地：不限

 遊戲主旨：

這個遊戲要求參與者們找出改進工作場所設計的方法，以提高績效和改善心情。有助於發揮學員的最佳水準，停止拖延，提高學員的管理技能，幫助管理人員提高管理水準，激勵大型組織中的成員，管理好學員的壓力，設計激勵環境。

學員能學到有那些辦公用具能使工作變得容易，並能夠提高工作效率。

 遊戲方法：

1. 提示學員，舒適的工作場所可以提高士氣和工作效率。讓學員至少寫下一項能使人更舒適的對現有工作環境的改進。讓一些人一起交流他們的觀點。

2. 下面是可以要辦公室環境中添加的一些簡單設施，能製造更舒適的氣氛。

電話用頭戴送受話器

個人電腦觸控板

軌跡球滑鼠

人體工程鍵盤

振盪式後背按摩器

遮罩強光的螢幕

緩解後背緊張的擱腳板

桌面下的鍵盤抽屜

支撐後背下部的椅子墊枕

可以放常用物品的文件櫃

 遊戲討論：

1. 目前的工作條件，如何影響你的心情？

2. 你的工作環境可以做那些改進，從而使你工作得更舒適？

3. 你的那一個建議是最可行的？那一個是最不可行的？

 遊戲總結：

1. 要考慮到人們之間的差異，若使一個人感到煩躁不安的，說不定卻使另一個人非常舒服。

2. 在工作中，我們既要努力使自己的工作環境得到改善，使其變得舒適，又要懷著一顆包容的心容忍其他同事的品味和興趣。這正是員工素質的體現，求同存異才是有效的工作之道。

3. 對於管理者，注意一個美好的花園需要各種花草的映襯，不能因為一己喜好而不能容忍其他類型的員工的存在，只要是對這個團隊有益的人，我們都應該容納和包容。

 培訓小故事

袋鼠的出逃記

有一天動物園管理員們發現袋鼠從籠子裏跑出來了，於是開會討論，一致認為是籠子的高度過低。所以決定將籠子的高度由原來的 3 米加高到 5 米。結果第二天他們發現袋鼠還是跑到外面來，所以他們又決定再將高度加高到 8 米。沒想到隔天居然又看到袋鼠全跑到外面，於是管理員們大為緊張，決定一不做二不休，將籠子的高度加高到 15 米。這時，長頸鹿和幾隻袋鼠們閒聊：「你們看，這些人會不會再繼續加高你們的籠子？」長頸鹿問。「很難說。」袋鼠說：「如果他們再繼續忘記關門的話！」

導致袋鼠出逃的原因並不是袋鼠的籠子高度太低，而是籠子的門根本沒有關上。所以，即便動物園的管理人員再怎麼增加袋鼠籠的高度，只要他們繼續忘記關門，袋鼠還是會出逃。從中我們可以得到一個啟示：解決任何事情，都要找對問題的核心，否則無論你做多大的努力，到頭來也只能是竹籃打水一場空，毫無成效可言。

52 反過來思考，全不同了

遊戲人數：集體參與

遊戲時間：5～10 分鐘

遊戲材料：一幅畫有桔子樹的圖畫，每人一個桔子

遊戲場地：不限

遊戲主旨：

這個遊戲就是訓練人們全神貫注於一個問題的同時，試著從各個角度進行分析。

遊戲方法：

1. 向大家展示一幅栽有一棵桔子樹的圖畫。

2. 讓大家數一數這棵樹上一共有多少個桔子。大多數人一定覺得這個任務很簡單，不屑於完成這種任務。

3. 然後告訴他們，剛才的問題只是一個前奏，真正的問題是一個桔子裏有多少桔子樹。隨後發給每人一個桔子，讓他們找出答案。

遊戲討論：

1. 你是否知道一些與這個問題性質相近的問題？

2. 通常你會採用什麼方法儘快投入到工作中？可以和同伴分享一下嗎？

遊戲總結：

1. 當你正全神貫注地數樹上有多少桔子，卻突然讓你研究一個桔子有多少桔子樹時，你是否覺得思路一下子轉不過來？換句話說，當一個人適應了一種思維方式之後，要想轉換是需要一點時間的。

2. 當你把桔子吃完，數清裏面有多少籽時，你是否感覺到多角度思考問題是多麼有趣。很多事情就是這樣，換個思路會得到不同的結果。

3. 所以說，這個遊戲會激發我們的思維能力和創造力，有助於我們從多個角度觀察問題，促進問題的解決。

心得欄 _____

 培訓小故事

雞蛋和夢想的距離

一個小女孩頭頂著雞蛋回家，她想，真棒，雞蛋會生雞，雞又會生蛋，蛋生雞，雞生蛋，賺夠錢之後可以買一個農場。買了農場之後就可以養牛、養羊、種果樹，成為農場主，過上幸福快樂的日子。當她想到一半的時候，突然「啪」的一聲整筐雞蛋掉在地上，雞蛋都碎了，結果她一切想法都成了幻想和泡影。

當小女孩頭頂上的雞蛋被打翻之後，小女孩的夢想也隨之灰飛煙滅。小女孩擁有夢想，這本身沒有錯，只是小女孩不應該把所有的希望都寄託在易碎的雞蛋上。這正如現實生活中很多員工想要提升工作效率，這本身也沒有錯，但是他們不應該僅僅停留在幻想階段。幻想有一天，自己的能力得到了提高，那麼效率也就能得到提高；幻想有一天自己把時間安排得非常合理，效率也能得到提高。那麼這些幻想有用嗎？顯然，沒用。要想真的提高工作效率，必須具備實際行動，比如利用業餘時間去充電，提高自己的工作能力；或者在每天上班之前，把一天要做的事情按照輕重緩急分配好。只有這樣，才能真正達到提高效率的目的。否則，留給你的只能是幻想而已。

53 開會的腦力激盪術

遊戲人數：5～7 人一組

遊戲時間：15 分鐘

遊戲材料：鉛筆或者其他任何物品

遊戲場地：不限，最好是帶沙發的舒舒服服的休息室

遊戲主旨：

發散性地思考問題，迅速轉動大腦搜求各種方法解決問題稱為腦力激盪，其意義在於能激發學員的創造性思維，鼓勵他們更有創造力地去解決問題。

遊戲方法：

1. 確定一樣物品，例如可以是鉛筆或者其他任何東西，讓學員在 1 分鐘以內想出盡可能多的它的用途。

2. 每 5 人為一個小組，每個組選出一人記載本組所想出的主意的數量，在 1 分鐘之後，推選出本組中最新奇、最瘋狂、最具有建設性等的主意，想法最多、最新奇的組獲勝。

3.規則：

⑴不許有任何批評意見，只考慮想法，不考慮可行性。

⑵想法越古怪越好，鼓勵異想天開。

⑶可以尋求各種想法的組合和改進。

 遊戲討論：

1.腦力激盪對於解決問題有何好處，它適於解決什麼樣的問題？

2.你會驚歎於人類思維的奇特性，驚歎於不同人想法之間的差異性。

 遊戲總結：

1.不要嘲笑人們想法的異想天開，要知道科技和人類的進步正是建立在一項一項的異想天開的基礎上的。試想，如果不是古人一直希望像鳥兒一樣在天空飛翔，又怎麼會有萊特兄弟歷盡艱辛去製造飛機？如果沒有千里傳音的想像，又怎麼會有現在電話的產生？

2.人的大腦是一個無比奇怪的器官，它所蘊藏的力量是世人所無法估量的。在短時間內，聚精會神努力搜索會有助於許多創造性思維的提出。

3.在解決問題的時候，腦力激盪往往用來解決諸如創意之類的難題，但是它還取決於一個環境氣氛的因素，只有在一個民主、完全放鬆的環境中，人們才能異想天開地解決問題。所以說，如果有的公司沒有發揮好腦力激盪法的作用，那並不是他們的員工缺乏創意，而是公司缺乏一個民主氣氛！

 培訓小故事

亡羊補牢

有個農夫養了一圈羊。一天早上他準備出去放羊，發現少了一隻。原來羊圈破了個窟窿。夜間狼從窟窿裏鑽進來，把羊叼走了。鄰居勸告他說：「趕快把羊圈修一修，堵上那個窟窿吧！」他說：「羊已經丟了，還修羊圈幹什麼呢？」沒有接受鄰居的勸告。第二天早上，他準備出去放羊，到羊圈裏一看，發現又少了一隻羊。原來狼又從窟窿裏鑽進來，把羊叼走了。他很後悔，不該不接受鄰居的勸告，就趕快堵上那個窟窿，把羊圈修補得結結實實。從此，他的羊再也沒季被狼叼走。

羊丟了，把羊圈修補起來，剩下的羊就不會再丟。如果你不這樣做，那麼剩下的羊就可能全部丟失。我們修補羊圈並不是為了那只已經丟失的羊，而是為了這些剩下的羊。這正如我們在一些錯誤面前要吸取教訓一樣，目的並不是為了改變錯誤的事實，而是為了下次不犯這樣的錯誤。可是在當今職場中，有很多人的做法和這個農夫一樣，面對自己的錯誤無動於衷，以至於錯誤越來越大，給自己造成了不必要的損失。這些人把事情搞砸了、做錯了、失敗了，不是去反省自己的過失，查找失敗的原因，而是津津樂道於「失敗是成功之母」，為自己的失敗找理由、找藉口，甚至粉飾太平，忽略失敗，以「改錯對錯誤事實無效」為理由拒絕做一些「亡羊補牢」的工作。實際上，

這些人是在推卸責任，是一種極不誠實、極不負責的態度。他們的行為不僅使錯誤得不到更正，還會貽害無窮，造成同一個錯誤再度發生，或引發全局性的大敗局。

54 進入食人部落

遊戲人數：每 15 人為一組。

遊戲時間：每組不超過 40 分鐘。

遊戲材料：定做好的平臺、足夠的繩索、眼罩。

遊戲場地：可以實施遊戲規則中的描述場景。

遊戲主旨：

資源是我們完成任務的基礎之一，如果我們處在捉襟見肘的資源環境下，挑戰將是相當大的。本遊戲就是在這樣的挑戰下展開，利用一個耳熟能詳的人物故事作為引子，將大家帶到一個令人激奮的挑戰之中。

遊戲方法：

這是一個突出團隊合作和團隊進取意義的遊戲。

1. 設定遊戲背景如下：

· 一群到非洲原始森林旅遊的旅客，無意中闖進了食人部落的領地。

· 好在大家都比較機靈，沒有被食人部落當場抓住，但食人部落既然發現了他們，肯定不可能輕易甘休，紛紛出動抓捕這群旅客。

· 旅客們集體逃到一處懸崖，懸崖對面有一孤峰，面積並不是太大，而且週圍也是峭壁，肯定沒有下去的道路。

· 但比起在懸崖這邊等待食人部落的抓捕，則懸崖對岸可以獲得暫時的安全，等待外部救援來到。

· 大家花了一些時間在懸崖這邊一棵結實的樹上拴了一條由樹藤編織的繩索，大家必須盪到對面的孤峰上才能脫離危險。

· 按照估計，大概 40 分鐘之後食人部落的人就會追到這裏，所以大家的行動一定要快。

· 孤峰平臺看起來並不大，也不知道能不能容下整個旅遊團的人……

2. 根據具體場地安排適當數量的學員參與，以 60 釐米左右見方的平臺為例，每組 15 名成員比較合適。

3. 首先設置好場地，在一棵大樹上找一個結實樹權，或者在人工場地中定制一根支架。在其上拴一條繩子，繩子要結實可靠，並

具有足夠的長度，可以讓學員從地面盪到 4 米左右開外的平臺上。

4.平臺置於繩子垂直觸地處大約 4 米，高度適宜，根據具體環境由培訓師確定，但平臺的支架一定要牢固，不能因為搖晃或者重壓而壞掉。

5.將學員帶到場地之後，先向大家介紹「人猿泰山」這個人物，然後宣佈這個項目就是需要大家類比泰山的動作，完成一個高難度的任務。

6.宣佈遊戲開始之前，在繩索到平臺之間距離繩索垂地大約半米處畫一條線，宣佈那條線就是懸崖邊界，所有人都不能靠步行越過那條線。

7.鼓勵大家積極合作，儘快脫離危險，並宣佈遊戲開始，培訓師監控安全事件，並記錄各小組完成的時間。

8.遊戲結束之後，組織大家進行相關討論。

遊戲討論：

1.大家對任務完成的預期如何？最後結果如何？

2.為了完成任務，需要考慮那些方面的因素？在執行中，有沒有意外因素出現？

3.有沒有臨時退縮寧願被食人部落抓住也不願意冒險的成員？是出於什麼考慮？

4.任務明確之後，小組是如何進行決策的？有沒有形成決策團隊？

5.在平臺上有多少種辦法可以增加空間的利用？這些方法有沒有經過驗證，效果如何？

6.個人的積極表現對於完成整個任務有沒有有利影響？體現在那些方面？

7.團隊有沒有考慮放棄一些成員，以便大家在平臺上更加安全？最後實際執行了嗎？因為什麼原因沒有執行或者執行了？

8.那些成員對於任務的完成起到了關鍵作用？具體體現在那些方面？

9.最後成功完成任務的心情如何？如果沒有成功，會有什麼樣的心情？效率最高的小隊採用了那些措施？是否可以在實際中進行相應的運用？

 遊戲總結：

1.本遊戲具有較大的挑戰性，在宣佈遊戲規則時，要適當注意參加學員的承受能力，也可以選擇較為緩和的介紹方式。

2.如果團隊實力很強，可以適當增加遊戲難度，將其中兩三名學員的眼睛蒙上參加。

3.如果團隊不能儘快形成決策，將會嚴重影響後面行動的實施。當團隊出現這種情況時，培訓師可以根據情況進行適時提醒。

4.要注意平臺採用的木板要有足夠的承重能力，並且棱角不能太過分明或者殘留鐵釘之類的物件，避免使學員受傷。

5.提醒學員儘量不要採用疊羅漢的方式來利用空間，這樣會增加危險的發生；如果學員堅持使用，那麼只能允許平臺中間兩三人使用。

6.對於一些比較陌生的學員，可能在緊密接觸下會產生不安，培訓師可以用模擬場景進行勸誘；如果對方實在不能適應，那麼可

將其留在最後一位等其他人都完成任務時再讓其退出團隊任務，這時需要注意不影響其餘熱情參與學員的積極性。

 培訓小故事

蝙蝠、荊棘和水鳥的故事

蝙蝠、荊棘和水鳥決定合夥經商做遠洋貿易。於是蝙蝠借來錢作為資金，荊棘帶來了衣服，水鳥帶來了赤銅，然後，它們裝好貨，揚帆遠航。在海上不巧碰到了強大的風暴，船翻了，所有的貨物全沉沒了。幸運的是，它們被海浪沖到岸上，未被淹死。從此以後，水鳥總是站到水中，想把丟失的赤銅找回來；蝙蝠怕見債主，白天不敢出來，只在夜間才出來覓食；荊棘則到處到處尋找衣服，總把過路人的衣服抓住，看是否是自己的。

水鳥之所以總站在水中，是想把丟失的赤銅找回來；蝙蝠之所以白天不敢出來，是怕遇見自己的債主；荊棘之所以經常抓住別人的衣服，是要找回自己的衣服。它們的行為都有著明顯的目的性，但是它們的這種行為有用嗎？顯然沒用。

從這個寓言故事中我們可以得到這樣一個啟示：任何一個人在一件事情上遭遇到了挫折之後，總是會想方設法彌補自己曾經的過失。但是我們也應該看到，這些行為對那些既定的錯誤來說是沒有用的。水鳥再怎麼站在水裏，也找不到丟失的赤銅，荊棘再怎麼抓路人的衣服，也不能找回自己的衣服。我們所要做的就是通過自己的這些錯誤、失敗總結經驗教訓，在下

一次遇到這些事情的時候能謹慎應對，不要犯同樣的錯誤。可是，職場之上的很多員工卻像故事中的水鳥、蝙蝠、荊棘一樣，在面對錯誤的時候總是設法去改變錯誤的事實，而不是想著從既定的錯誤當中獲取經驗教訓，以便下一次出現這種情況時不至於犯同樣的錯誤。毫無疑問，他們的努力都是毫無結果的。

55 團隊合作可扭轉乾坤

 **遊戲人數**：全體參與。

遊戲時間：1 小時左右。

遊戲材料：呼啦圈或者類似的道具。

遊戲場地：可以容納所有學員圍成圓圈的開闊場地。

遊戲主旨：

　　團隊是合作的唯一基礎，因此培訓遊戲中大多數項目都是以團隊的形式出現。但團隊力量的發揮，不會是簡單的「1＋1＝2」的關係，其最終結果，可能是大於 2，也可能是小於 2，但極少情況會等於 2。因此，團隊的合作能力，需要一些有別於個體的錘煉，

也有更高的難度。

遊戲方法：

這是一個體現團隊合作技巧以及團隊進取精神的遊戲。

1. 所有學員圍成一個圈子，面朝內側，手拉手。宣佈在遊戲進行中，除非培訓師允許，大家不能鬆開手，並且嘴裏不能發出聲音，一旦違反，則任務失敗。

2. 將一個呼啦圈掛到一名學員的手臂上，與之相鄰的學員的手需要臨時斷開，然後仍然保持閉合狀態。要求大家將呼啦圈通過每個人的身體最後回到第一個人手臂上，過程中不能鬆手、不能發言。

3. 第一次不規定時間，但培訓師要進行計時。當第一次完成之後，培訓師宣佈大家的成績；並同時宣佈，現在要求大家以剛才 2/3 的時間完成同樣的任務，並大聲詢問：「大家能完成嗎？」在獲得肯定的回答之後，宣佈遊戲開始。

4. 不斷提高時間限制，看看學員最終能以什麼樣的速度完成任務。

5. 遊戲結束後，培訓師組織相關討論。

遊戲討論：

1. 第一次大家是以什麼樣的心態來完成任務的？有沒有時間緊迫的觀念？

2. 第二次及以後大家的心態有什麼樣的變化？時間的緊迫感對大家完成任務有那些影響？

3. 團隊之間是如何進行溝通的？學員是怎樣向大家傳遞自己

的高效方法的？

4. 如果允許用語言溝通，會有那些變化？模擬一下。

5. 最終大家的成績與第一次的成績相比進步有多大？在達到這個目標之前，大家能夠想像到這樣的成績嗎？如果一開始就給大家最後成績的目標，大家能夠完成嗎？這與循序漸進的激勵方式有那方面的不同？

 遊戲總結：

1. 本遊戲的關鍵就在於以循序漸進的方式逐漸增加學員的預期，同時又讓他們看到這種預期的可實現性，因此在激發鬥志的同時，又不容易產生太大的挫敗感。

2. 培訓師在組織時，要注意個別階段學員們的表情，需要不斷調整自己的激勵方式來消除學員可能放棄的思想。

3. 過大的壓力會造成對目標執行動力的崩潰，這是現實中仍然存在的問題。

培訓師可以提供給委託培訓方一些培訓報告來說明這一點，以有助於培訓效果在現實中的應用。

 培訓小故事

跳蚤實驗

「跳蚤效應」來源於一個有趣的實驗：生物學家曾經將跳蚤隨意向地上一拋，它能從地面上跳起一米多高。但是如果在

半米高的地方加個蓋子，這時跳蚤跳起來會撞到蓋子。當跳蚤一再地撞到蓋子一段時間後，它學會跳得低些，不再撞到蓋子。拿掉蓋子之後會發現，雖然跳蚤繼續在跳，但已經不能跳到半米高以上了，直至生命結束都是如此。

為什麼原本跳的很高的跳蚤最後跳不過半米了呢？理由很簡單，它們已經調節了自己跳的高度，而且適應了這種情況，不再改變。這就等於給自己的高度設了限，儘管那個蓋子已經不在了，但是對於跳蚤來說，這些蓋子已經深深地蓋在了它的心上，它也就不會想著如何去改變、突破了。於是社會心理學家便將這種不知改變、突破的心理現象命名為「跳蚤效應」。

我們在嘲笑跳蚤愚蠢的時候，也應該自我反省一下，在我們的工作當中，是不是也是一隻可憐的、時常給自己設限的「跳蚤」呢？面對困難的時候，我們總是告訴自己：「我解決不了這個困難」、「我能力不夠」、「我肯定會失敗的」……可是我們還沒有嘗試，為什麼就給自己設定「失敗」的結局呢？從心理上來說，這是一種不自信的表現，而從工作態度上來說，這則是一種不敢承擔責任、不善於挑戰自我的表現。顯然，一旦我們陷入了「跳蚤效應」之中，我們的能力就不能得到提高，技術就得不到完善。這也正是很多員工雖然在某個行業工作多年，能力卻得不到提高的原因。

56 團隊站輪胎

 遊戲人數：10 人一組。

 遊戲時間：5 分鐘。

 遊戲材料：一隻汽車備用輪胎。

 遊戲場地：開闊的場地。

 遊戲主旨：

這是一個很有意思的遊戲，它要求參加者有很好的默契程度和協作精神。參加者如果想玩好這個遊戲，必須有較強的團隊協作意識，採取一定的方法來統一每個人的意志。另外，作為調節上課氣氛、改變學員疲勞狀態的方法，本遊戲非常適用於培訓的休息階段。

 遊戲方法：

這是一個激勵團隊成員完成團隊目標的遊戲。

1. 將學員分成 10 人一組。

2. 將一隻事先準備好的備用輪胎放在空地上。

3. 讓每組成員一次全部站到這個輪胎上，要求他們至少要站 5

秒鐘。為他們計時,選出站立時間最久的一組。

注意:在遊戲過程中,培訓者要保證學員的安全。

 遊戲討論:

1. 你們組的好主意是怎樣產生的?組員是否很容易達成共識?

2. 你們是否想出一些辦法來使組員的動作和思想達成一致?組中是否出現過反對意見?你們是怎樣處理的?

 遊戲總結:

1. 站到輪胎上本來就是一件很難的事,不易保持平衡而且還有掉下來的危險。特別是要求團隊一起完成的前提下,這個任務又加上了協作的難度。如何制定一個行之有效的方案來統一組員的意志,同時還要克服他們的恐懼感,全力以赴完成這個遊戲,是每個組員都應該思考的問題。另外,本遊戲需要每組選出一個領頭人,來貫徹組裏決定的方案。

2. 當人們面臨新環境又要接受挑戰時,最容易激發人的潛能。本遊戲為學員提供了一個看似簡單實則很需要技巧的遊戲方式,旨在給學員一定的激勵,從而激發出他們的創造性。

3. 具體的做法是先選出一個人作為重心,其餘的人踩上去時要注意如何保持輪胎的平衡。同時也可由一人喊號子,幫助大家保持平衡,以激勵大家的鬥志。

 培訓小故事

蛻皮效應

　　自然界中昆蟲綱和甲殼綱的節肢動物以及線形動物的體表具有堅硬的表層，可以保護動物身體不受外界傷害，但同時也限制了個體的生長和發育。因此，在這些動物的生長和發育過程中，必須經歷一次或數次蛻皮過程，每蛻皮一次，就會長大一些，直到最後它們變為成蟲。

　　那些需要蛻皮的動物如果不經歷蛻皮的過程，那麼它們就無法長大，無法獲得更大的生存空間。比如蛇不經歷一次又一次的蛻皮，就永遠只能是小蛇，無法長成大蛇。這種現象和我們職場之上能力的獲得是一樣的，要想提高自身能力，唯有經歷一次又一次的洗禮、認識和重新認識的過程，我們對於事情的看法、想法才會提升一個檔次，才能真正走向成熟，否則我們只能停滯不前。

　　可是在當今職場之上，有很多員工還沒有意識到這一點。他們總是固守原有的認識和想法，不善於也不願意去接受新的知識和新鮮事物。因為在他們心目中，改變這一切就等於否定原先的一切，這是一種不自信的表現。顯然，這種想法是錯誤的。如果我們不改變現狀就不能獲得更為長遠的發展。

- 212 -

57 站在高臺的演講

 遊戲人數：

全體參與，但每組進行成員保持在 15 人左右。

遊戲時間：每位學員 3 分鐘。

遊戲材料：計時碼錶、簡單記錄紙。

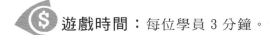 遊戲場地：

開闊的場地或者教室都可以，保證高臺搭建的穩固和安全。

遊戲主旨：

對個人的挑戰一向是大多數人認為的最困難的事，而最直接的事例，就是大多數人都難以自如地在公眾面前表達自己。演講這種才能，常見於領導者和引領潮流的人物身上，那麼我們一般人是否有這種能力揮灑自如地表達自己的觀點和見解呢？本遊戲給參加學員一個機會，也同時帶給他們極大的個人挑戰。

遊戲方法：

這是一個挑戰自我和展示風采的遊戲。

　　1.此遊戲每次參加的學員不宜太多，最好不要超過 20 人；可以根據實際情況進行一些分組，並由不同的培訓師帶領進行遊戲。

　　2.每組活動場地需要一個高臺，大約 2 米左右，最好週圍能有護欄，但高臺不要太寬敞而導致沒有緊張感。

　　3.遊戲開始之前，培訓師可以統計一下參與學員中有多少人有公眾即興演講的經歷，以便在遊戲過程中可以根據情況進行適當的調整。

　　4.宣佈遊戲任務：

‧ 我們這個遊戲名稱叫做「高臺演講」。

‧ 當遊戲開始之後，所有學員都必須輪流站上高臺，進行一次即興演講，演講時間為 3 分鐘。

‧ 演講的主題為……（培訓師可以根據實際情況擬定演講主題，但最好與培訓學員有一定聯繫，主題為開放式主題，同時根據學員平均素質進行擬定）。

‧ 當每位學員在高臺上進行演講時，下面的學員（除去特殊情況下需要監控安全的學員）要全神貫注目視演講學員，並且每分鐘要鼓掌一次，以示激勵。

‧ 當最後演講結束時，大家要對剛剛進行演講的學員進行鼓掌慶祝並以更熱烈的掌聲歡迎下一名演講者。

‧ 不限制演講以何種體裁進行，也不限制演講者的身體動作，只是需要注意高臺安全。

‧ 時間未到而演講結束，演講者仍必須站在臺上直到時間結束。

　　5.遊戲開始前，可以給 3 分鐘時間稍作準備。

遊戲討論：

1. 未上臺之前，你的心情如何？想要說的話都在腦海中有草稿了嗎？

2. 上臺之後，當你目視下面觀眾時，是什麼樣的心情？有沒有影響到你的發揮？上臺之後，你是否有意廻避觀眾的目光？你是如何調整自己的視線的？

3. 你的表達流利嗎？有沒有許多重覆的話語出現？如果寫成草稿，會有這樣的情況出現嗎？

4. 前面學員的表達方式和主題論述方向對你造成了影響嗎？你如何保持自己演講的特色？

5. 如果前面的學員表現很優秀，語言鮮明生動，發言流暢，將會對你的演講帶來正面影響還是負面影響？為什麼？

6. 你的雙手是如何放置的？這樣放置令你感到自在嗎？觀眾對你的鼓掌激勵使你更加緊張還是略有放鬆？

7. 演講完畢但時間沒有結束，你是如何打發時間的？

8. 在時間的統籌上，你做得如何？如果還沒演講完畢時間就到了，你是怎麼做的？

遊戲總結：

1. 有人說「演講就是生產力」「演講就是領導力」，這從一個側面表達了演講的重要性。

2. 演講並不是一件很容易的事情，尤其是準備時間很短的即興演講，因此本遊戲會給學員很深的感觸。

3.作為最困難的事情之一，本遊戲確實給了學員極大的挑戰，但當學員真正站在高臺上，又會發現這其實並沒有想像中的那麼可怕，雖然仍然無法避免不流利的發言以及混亂的思維，但是很多學員也同樣獲得了更大的鼓勵和勇氣。

4.一般來說，前面學員的發言方式以及話題方向總會有意無意地影響後面的學員，所以培訓師在必要的時候可以適當進行一些限制，來激發學員更大的潛力。

5.如果學員因為緊張都不願主動上臺，培訓師可以讓曾經有過相關經歷的學員先上臺示範，以降低台下學員的緊張感。

6.鼓掌既是動力也是壓力，如果某些學員有不同的情況，培訓師可以適當對這種模式進行干預。

7.對於時間的控制一定要嚴格，就算學員在上面興致正盛、滔滔不絕，也要按照要求讓其停止演講，走下臺來。因為本遊戲暗含對有限的資源進行合理和優化利用，固然沒有用完時間的學員有點虧，但超過時間的學員也不應該獲得這些資源。這一點在最後討論總結中可以適當提出。

8.提醒學員不要為了演講而演講，只需要盡力展示一個真實的自我，而不必去學一些名演講家的語調和動作。同時，發言的內容應該保證真實可靠，不是因為某些虛榮心而肆意編造。對於完成得比較好的學員，要在總結中給予公開表揚，特別是對話題有創意性闡述的演講。

培訓小故事

勇於面對失敗

在所有的成功素質當中,自信心是最不可缺的,沒有自信,便沒有成功。為此,美國職業橄欖球聯會前主席 D・杜根提出:強者不一定是勝利者,但勝利遲早都屬於有信心的人。這就是著名的「杜根定律」。

職場之中,因為競爭的激烈,我們難免要面臨失敗。在失敗的情況之下,我們該如何去做?有的員工選擇了堅強,越挫越勇;而有的員工則選擇了自責,甚至自卑,最終失去了自信心。可是我們都知道,無論是在生活中還是在事業上,一個缺乏自信的員工終將會被淘汰。在這些人的心中,成功是遙不可及的,在自己和成功之間有一條無法跨越的鴻溝。毫無疑問,這條鴻溝是這些人自己設置的,是一條內心的鴻溝,除非這些人增強自信心,否則成功真的是遙不可及了。

無論什麼時候,我們都應該充滿自信。只有自信、有毅力,才可能嘗到成功的喜悅。無論我們現在面對的局面是成功還是失敗,我們都要明白一點:任何人的一生都不可能是一帆風順的,誰都要經歷風風雨雨,如果你輕易被一次或者幾次失敗打敗,那麼你就真的再也站不起來了。

58 扔球比賽

遊戲人數：5 人一組。

遊戲時間：10 分鐘左右。

遊戲材料：每組 1 個垃圾桶，50 個網球。

遊戲場地：操場或者空闊的室外場所。

遊戲主旨：

　　當各個小組之間展開激烈競爭的時候，如何使小組仍然保持昂揚的鬥志，同時不被其他小組的情緒擾亂，這對小組的表現起著非常重要的作用。本遊戲不但能夠活躍氣氛，而且能夠激發各個小組之間強烈的競爭意識。

遊戲方法：

　　這是一個在競爭模式下激發學員參與熱情和進取精神的遊戲。

　　將學員們按照 5 人一組進行分組。每組有 1 個大垃圾桶和 50 個網球。把垃圾桶一字排開，兩個垃圾桶之間的距離約為 1.5 米。

　　各組選出一名隊員作為投球手。投球手要站在離垃圾桶 10 米

遠的地方，背對垃圾桶，然後將網球一個個的投到垃圾桶中。

- 在投球的過程中，投球手不可以左顧右盼，不能回頭，只能正視前方。
- 垃圾桶要在投球手偏左或偏右的位置，不能在投球手的正後方。
- 小組的其他隊員可以對投球手下指令，告訴他應該朝那個方向拋、上一個球落到了什麼地方、拋球的力量應該有多大等。但是，投球手不可以自己去看。
- 如果某個小組拋的球落到了別的小組的垃圾桶裏面，要算做別的小組的進球。

最先將 5 個球拋入垃圾桶的小組獲勝。

 遊戲討論：

1. 球能夠被拋入桶的因素有那些？

2. 球不能夠被拋入桶的因素有那些？怎麼樣才能更好地實現目標？

3. 負責下指令的隊員在指揮的過程中遇到了那些問題，是如何解決的？

4. 當看到別的小組的進球比自己小組的要多時，投球手和其他小組成員的心理感受是怎樣的？這對自己小組後面的表現有什麼影響？

 遊戲總結：

1. 可以事先蒙上投球手的眼睛，讓他站在側面，然後在小組成

員的指揮下轉動身體，直到整個人背對著垃圾桶。這可以增加遊戲的趣味和難度。

2.注意隊員不要被亂飛的球所打到。

3.投球手在拋球的過程中，一定要沉著冷靜，不要受其他小組情緒的影響，也不要被小組成員中不同的意見所擾亂，要把握好力度和方向，果斷地將球拋出去。

4.小組成員在下指令的時候要統一、要準確，及時根據上次拋球的表現對投球手的拋球行為進行修正，從而提高拋球成功的幾率。

 培訓小故事

金魚缸法則

金魚缸是玻璃做的，透明度很高，不論從哪個角度觀察，裏面的情況都一清二楚。如果把金魚缸比喻成我們職場生活中的失敗，那麼我們一旦看清楚裏面的東西就會發現，失敗其實沒有什麼，很多時候我們只不過是庸人自擾罷了。

任何人都要面對失敗，這是毋庸置疑的。可是為什麼有的人在面對失敗的時候能堅強面對，乃至越挫越勇，而有的人則沉湎於失敗的痛苦之中不能自拔，甚至喪失對自己的信心，不敢再面對自己的工作呢？說到底還是因為後者沒有看透失敗。對於他們來說，失敗就是一個黑洞，人只要進入其中，

那麼也就永無出頭之日了。

其實，失敗只不過是一個「金魚缸」而已，如果我們能看透其中，就會發現失敗不過如此。所以說，面對失敗，我們沒有必要緊張，更沒有必要對自己失去信心，我們要做的是面對失敗這個事實，想方設法通過一些工作來彌補造成的損失，或者總結一下經驗教訓，下次別再犯同樣的錯誤。

59 正確獎勵的強化妙處

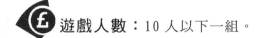 **遊戲人數**：10 人以下一組。

遊戲時間：3 分鐘。

遊戲材料：事先準備好的強化刺激獎品。

遊戲場地：不限。

遊戲主旨：

希望好的情況會繼續出現時，可以採用鼓勵的方式，這一點在工作中是非常有用的。本遊戲採取正強化的方式，鼓勵學員保持好的狀態並繼續發揮這種狀態。

遊戲方法：

這是一個激勵學員努力思考、不斷進取的遊戲。

1. 準備一些學員感興趣或想得到的獎品（例如 KTV 的歡唱券）。向他們說明遊戲的獎勵機制，告訴學員他們是可以獲得這些獎勵的，只要他們做出積極的舉動。

2. 在獎品上貼上速貼標籤，上面寫著「成功來自於能夠，而不是不能」，學員會為這一口號而大為振奮，當看到自己的行為被大家認可並因此得到獎勵時，他們會喜歡上這個遊戲，並做出相應的反應。

3. 任何時候，只要有人提出了一個深刻的見解或者用一句幽默的話語打破了房間的沉悶氣氛，就獎勵此人一件獎品，這會促使其他人也加倍努力去贏得他們想要的獎品。

 遊戲討論：

1. 為什麼人們會積極參與這個遊戲？你認為其中的奧妙在那裏？

2. 如果培訓者有一次扣發了獎品，學員的反應會怎樣？會出現什麼後果？

3. 如果培訓者選擇了錯誤的獎品，學員的反應會怎樣？會出現什麼後果？你認為正強化還有什麼其他用途嗎？

 遊戲總結：

1. 本遊戲的意義在於提出了「正強化」的概念，它是指對人或

動物的某種行為給予肯定或獎勵,從而使這種行為得以鞏固和持續。這種理論認為,如果某一行為獲得正面激勵,這一行為以後再現的頻率會增加。

2.如果培訓者想鼓勵學員繼續有益的想法或行為,有效的方法是用正強化法對他們給予鼓勵。有時你會發現得到獎勵的學員會表現得更加積極,會有更好的想法。

3.培訓者應該及時地對學員的積極表現給予正面肯定,發獎品時也必須準確、慷慨,否則會打擊學員的積極性,並懷疑培訓者的信用。這種方法運用到工作中也是非常有效的。

 培訓小故事

失敗博物館

美國紐約有一個失敗產品博物館,展出 8 萬多件不受消費者歡迎的產品,這些「殘廢嬰兒」或因品質低劣,或因價格昂貴、或因款式難看、或因品牌不響而被消費者冷落、拋棄。令人感動的是,生產失敗產品廠家的總裁,總是滿臉虔誠地面對「上帝」,向參觀者徵詢投訴意見、建議和需求。

據瞭解,美國每年推向市場的新產品有 5400 多種,而真正受消費者歡迎和青睞的僅占 20%,可見,出一些失敗的產品在所難免。失敗乃成功之母,研究失敗是為了更好地贏得成功。其實,從生產失敗產品的廠家身上,我們可以學到很多東西,其中一樣就是敢於面對失敗,敢於通過開誠佈公地袒露自己的

失敗來獲取成功的意見和建議。

在我們身邊，有很多員工總是隱藏自己的錯誤，不敢正視錯誤，顯然這是不對的。雖然我們犯了點小錯誤，但如果能總結失敗的教訓，知道自己為什麼失敗，並且不再犯更大的甚至是致命的錯誤，則這些小錯誤對我們來說是無價之寶，比成功的經驗還重要？可是如果我們不敢正視失敗，不敢面對失敗，那麼我們就不可能從失敗中獲得價值。失敗本身並不可怕，可怕的是失敗得沒有價值？能否從失敗中總結教訓，並從中找到規律性的東西，是一個人能否成功的關鍵。

60 爭奪獎金

 遊戲人數：3～5 人一組。

 遊戲時間：5 分鐘。

 遊戲材料：事先列好選項，準備好題板紙、相關的獎品或合適的獎金。

遊戲場地：不限。

遊戲主旨：

學習是枯燥乏味的，好的培訓者懂得利用一些小技巧來提高學員的積極性，例如可以引入小小的競爭機制或者經濟獎勵。本遊戲就是通過這些活動來提高學員積極性的，鞏固學習效果。

遊戲方法：

這是一個激勵團隊積極探討、認真參與的遊戲。

1.培訓者選出一些曾經向學員講授過的知識，例如一個新市場的開拓，或者一種新銷售理念的提出等。

2.對每個問題想出一些正確選項和錯誤選項，把它們混在一起寫在一個大的題板紙上，不要讓學員看到題目。

3.將學員分成 3 人一組，讓他們來分別答題，要求他們在正確的選項前畫√。

4. 3 分鐘後停止遊戲，各組學員回到座位上。

5.把題目公佈出來，讓大家指出答案中的錯誤。

6.每挑出一個真正的錯誤，可加 1 分，獲勝的小組可以得到一些獎勵。

遊戲討論：

1.你們各組的「戰績」如何？

2.加入物質獎勵是否對提高你們參加遊戲的積極性有幫助？為什麼？

遊戲總結：

1. 這個遊戲可以幫助學員復習所學過的知識，使培訓者及時瞭解教學效果，獲得一定的回饋。但是，這種遊戲需要學員的積極配合，否則會影響培訓者總結的效果。因此，就需要用一些手段提起學員的興趣。本遊戲採用的是競爭機制和物質刺激，試驗證明這些方法真的有效，可以使學員們參加他們本不感興趣的遊戲或活動。

2. 本遊戲既增強了學員的競爭意識，又向他們提供了獲得獎勵的機會。而且，本遊戲不僅可以測試學員的學習效果，還能測試學員的其他水準，例如一般「勝利者」會用獎金為「失敗者」買一些吃的，這反映了同學之間的情誼。其實這個遊戲值得深入進展下去，如果時間允許可以多問一些問題或多出一些選項，把問題展開得深入一些。本練習可以重覆數次。

 培訓小故事

翁格瑪麗效應

有個名叫翁格瑪麗的女孩，長得很普通。但是，她的家人和朋友都給她信心，從旁鼓勵，每個人都對她說：「你真美。」由此，女孩有了信心，每天照鏡子的時候，都覺得自己很漂亮，也在心裏對自己說：「其實，你很漂亮。」漸漸地，女孩真的越來越漂亮。由此，翁格瑪麗效應成了心理學上一個重要的名詞。

翁格瑪麗效應是指用含蓄的、間接的方式對別人的心理和

行為施加影響，從而使被暗示者不自覺地按照暗示者的意願行動。即在無對抗的條件下，用含蓄、抽象誘導的方法對人們的心理和行為產生影響，從而誘導人們按照一定的方式行動或接受一定的意見，使其思想、行為與暗示者期望的目標相符合。

　　為什麼翁格瑪麗暗示效應能有這麼神奇的效果呢？原理其實很簡單：你想成為什麼樣的人或者你想得到什麼東西，那麼你的一言一行都會朝著這個目標去努力、爭取，久而久之，你也就真的達到了自己的目的，成為自己想要成為的那個人，獲得了自己想要獲得的一切。舉個很簡單的例子：有人認定經理的位置一定是自己的，他就會按照經理的標準來要求自己，告誡自己要努力工作。果然，不久之後，他就被提名為經理候選人並成功當選。這個結果既是他努力的結果，更是他給予自己積極暗示的結果，因為如果沒有積極的暗示，就不會有努力的工作。

 心得欄 _____

----

61 小豬要蓋房子

遊戲人數：分成 3 組，每組 5 人左右

遊戲時間：20 分鐘

遊戲材料：三條繩子，長度是 20 米、18 米、12 米

遊戲場地：空地

遊戲主旨：

　　相信聽過「三隻小豬蓋房子」的故事，在故事中三隻小豬互相合作建成了一個漂亮堅固的房子，並最終抵擋住了大灰狼的襲擊。在本培訓遊戲中，將扮演一次小豬，看看自己拿繩子是否能建出滿意的房子。

　　幫助學員體會在團隊工作中溝通的重要性，加強學員對於團隊合作精神的理解，訓練學員對於結構變動的適應能力。

遊戲方法：

　　1. 培訓者將學員們分成 3 組，大約保證每組的人為 5 人左右。

　　2. 發給第 1 小組一條 20 米的繩子，第 2 小組一條 18 米的繩

子，第 3 小組一條 12 米的繩子。

3. 規則：用眼罩把所有人的眼睛蒙上，然後規定第一組圈出一個正方形，第二組圍成一個三角形，第三組圈成一個圓形。

4. 然後讓大家聯合起來用繩子建立一個繩房子，房子的形狀要有上述三個圖形組成，並且一定要看上去比較漂亮。

 遊戲討論：

1. 對第一個任務和第二個任務分別進行比較，那一個任務較易完成，為什麼？

2. 在完成第二個階段的任務的時候，大家會遇到什麼困難？你們是如何解決的？

 遊戲總結：

1. 在每一個組完成自己的任務時，是相對比較容易的，但是當需要大家一塊配合，建成一間房子的時候，事情就變得複雜起來了。

2. 三角形和正方形如何配合，圓形應該放在什麼部位都是問題，所以越是在這種時候越需要大家相互之間的配合，需要大家的團體合作精神。

3. 要做好這個遊戲，首先要選定一個基準點和一個核心人員，大家都參照這一個坐標系進行行動，這樣才便於指揮，也可以防止場面的混亂。

4. 兄弟同心，其利斷金，大家一致對外，團結合作，終成正果的道理。小豬蓋房子需要這樣一種精神，在我們日常的工作和學習中亦要如此。

培訓小故事

胡蘿蔔、雞蛋和咖啡豆

　　一個女兒對父親抱怨她的生活，抱怨事事都那麼艱難。她不知該如何應付生活，想要自暴自棄了。她的父親把她帶進廚房。他先往三口鍋裏倒入一些水，然後把它們放在旺火上燒。不久鍋裏的水燒開了。他往一口鍋裏放些胡蘿蔔，第二口鍋裏放入雞蛋，最後一口鍋裏放入碾成粉末狀的咖啡豆。煮了一會兒，胡蘿蔔變軟了、雞蛋變硬了，而咖啡豆則改變了水，成了一杯香濃的咖啡。

　　胡蘿蔔入鍋之前是強壯的、結實的，毫不示弱；但進入開水之後，它變軟了，變弱了。雞蛋原來是易碎的，它薄薄的外殼保護著它呈液體的內部，但是經開水一煮，它的內部反而變硬了。而粉狀咖啡豆則很獨特，進入沸水之後，它們改變了水。這三樣東西面臨同樣的逆境——煮沸的開水，但其反應各不相同。

　　其實這三樣東西代表著三類員工：胡蘿蔔代表表面堅強而內心脆弱的員工；雞蛋代表外表脆弱而內心堅強的員工；咖啡豆則代表能夠面對挫折的員工：面對挫折，我們不應像胡蘿蔔那樣表現得太軟弱，也不應像雞蛋一樣，

　　與挫折硬碰硬，而應該像咖啡豆一樣，改變挫折，把挫折改變成一杯香濃的咖啡。對於職場員工來說，無論你以什麼樣

的態度來面對挫折，挫折都是存在的，這一點我們無能為力，但是我們可以選擇面對挫折的心態。

積極的態度不僅能讓自己工作得更加開心，而且也能讓挫折更快、更好地解決。當然，只要做到了這兩點，公司的效益就能得到提高，員工的收入就會增加。所以說，培養積極的態度不僅僅是為了公司，為了企業，更是為了員工自己。這是一個良性迴圈，迴圈的開頭就是改變應對挫折的態度。

62 活動筋骨，放鬆自己

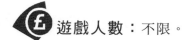
遊戲人數：不限。

遊戲時間：30 分鐘左右。

遊戲材料：
1 個籃球、1 個碼錶、每人一個頭巾(兩種不同顏色的)。

遊戲場地：寬敞的運動場

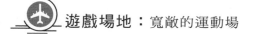
遊戲主旨：
天天坐在辦公室裏面，是不是感覺整個人都好像變成了雕塑一

樣了呢？本遊戲能夠讓大家運動起來，在跑動中活動筋骨，放鬆自己，還能增強團結協作的精神。

 遊戲方法：

這是一個激發學員積極進取、重視團隊合作的遊戲。

1.培訓師將學員分成人數相等的兩隊。如果學員總數為奇數，那麼從中選一名隊員作為培訓師的助手。

2.發給兩隊學員每人一個頭巾，兩個隊的顏色不同，譬如一個隊為紅色，另一個隊為黑色。

3.培訓師宣讀遊戲規則：

‧ 那個組控球的時間達到 30 秒即可獲勝。

‧ 抱住籃球的隊員擁有控球權，如果另一個組的隊員抓住了他，他就要停止，然後在 1 秒鐘的時間內將球傳給自己組的隊員。否則，培訓師將籃球收回，遊戲重新開始。

‧ 如果兩個組的人同時抓住了籃球，培訓師重新拋球，開始遊戲。

‧ 所有的隊員都必須在規定的邊界內活動，不得出界。如果出界，培訓師將籃球收回，重新開始遊戲。

‧ 當一組的控球時間達到 25 秒的時候，培訓師會喊：「5、4、3、2、1」。此時，另一個組要抓緊時間搶奪控球權。否則，那個組就獲勝了。

‧ 可以進行多輪比賽，看看那個組獲勝的次數多。

培訓師將籃球拋向場地，遊戲正式開始。

遊戲討論：

1. 小組內部是如何確定分工來扮演不同的角色的？

2. 能夠實現控球時間盡可能長的策略有那些？

3. 當其他組隊員過來搶球的時候，你的第一反應是什麼？當面對眾多同組隊員時，你是如何確定傳球對象的？

遊戲總結：

1. 當運動場地比較大的時候，可以延長控球時間。

2. 如果沒有頭巾，也可以使用臂章或者一組將袖子挽上去、一組將袖子放下來等方式來表示不同的組別。

3. 隊員們在搶奪控球權的時候，要注意相互之間的安全，不可用力過猛而撞到其他人。

奮起效應

奮起效應是一種積極效應：當一個人遇到一次大的挫折後，受挫人不僅不氣餒，反而激發起改變現況、奮力向上的意志，從而迅速成功的心理效應，即奮起效應。

在職場生活當中，幾乎每一個員工都會遇到挫折，面對這些挫折我們該怎麼辦？有兩種不同的處理方法：一是一蹶不振，破罐子破摔，最終一事無成；二是越挫越勇，100 次倒下

就會有 101 次站起來，最終獲得成功。

　　顯然，我們都希望自己成為第二種員工。不過要想成為第二種員工，就必須滿足一個條件：具備面對挫折的積極心態，即越挫越勇，而不是一蹶不振。當然，有兩種員工不具備這種心態：一是缺乏自信的員工。他們自認為什麼事情都做不好，一旦遭遇挫折，自信心會在短時間裏崩潰，取而代之的則是無盡的自卑和對自己「無能」的評價。二是抗挫折能力弱的員工。挫折的出現勢必會對員工的心態產生一定的打擊作用。有的員工抗挫折能力很強，越是打擊越是堅強。而有的員工則很弱，只要一遭受打擊，則立刻處於崩潰邊緣。顯然，這兩種員工最終會被職場所淘汰。

63 兩軍作戰

遊戲人數：全體參與，分成 2 組。

遊戲時間：1 小時左右

遊戲材料：擂臺獎品、用來畫線的材料、計分表。

遊戲場地：較為開闊的平坦場地。

遊戲主旨：

除去競爭可以獲得激勵的效果之外，自我認同有時候也會起到一定的積極作用。當我們處於一種競爭狀態時，如果能夠鎮定自若，為自己加油，將有可能取得不錯的效果。

遊戲方法：

這是一個激勵團隊挑戰和活躍氣氛的遊戲。

1.培訓師事先在一塊比較開闊的場地上畫 3 條平行線，使用材料可以隨意，但一定要明顯、容易辨認。中間線距離兩邊的線各約5 米，擂臺獎品(可以用足球、籃球或者其他合適物品代替)放在中間線的中點上。

2.將參與學員分成兩組，如果總人數為奇數，則選出一名志願者作為記分員。兩組分別成橫隊站到左右兩條線外，互相之間間隔以不觸肩為準。

3.培訓師將事先準備好的號碼卡發下，假設兩組分別為 A、B組，則 A 組的 1 號和 B 組的 1 號要在相反的位置，依此類推。也可以直接讓兩組從兩個方向報數確定各自的號碼。

4.培訓師在遊戲開始之後會以不同的時間間隔叫出不同的號碼，當叫到某一個號碼時，則兩組持有此號碼的學員必須以最快速度往中間去搶奪擂臺獎品，搶到者為勝，以培訓師判斷先觸手者為勝。

5.遊戲先進行 10 輪，將各輪成績記在計分表上以便總結評比。遊戲進行 11～20 輪時，培訓師要求各組在每輪開始前，都想

出一個口號來給自己小組加油，每輪開始前全隊呼喊一遍。

6.遊戲結束之後，比較前 10 輪和後 10 輪的成績差別。

 遊戲討論：

1.積極的心態對遊戲結果有什麼影響？

2.當兩組呼喊口號之後，競爭度有什麼變化？團隊在活動中起到了什麼樣的作用？

 遊戲總結：

1.遊戲在前半階段進行得很溫和，雖然大家都在盡力，但總是缺少一些火爆感；但第二階段就完全體現出了這種火爆場面，每個人都熱血沸騰、摩拳擦掌，還有培訓師報號之後有不少人衝了出去，當然，這是過於緊張的緣故。

2.如何調整個人心態才可以做到既緊張又放鬆的狀態，是培訓師需要在遊戲結束之後帶領大家總結的。

3.團隊的口號呼喊比個人來得有力，在團隊中更能激發鬥志。

 培訓小故事

達維多定律

英代爾公司副總裁達維多認為，一家企業要在市場中總是佔據主導地位，那麼它就要永遠做到第一個開發出新一代產品，第一個淘汰自己的產品。

達維多定律揭示了以下取得成功的真諦：不斷創造新產品，及時淘汰老產品，使新產品儘快進入市場，並以自己成功的產品形成新的市場和產品標準，進而形成大規模生產，取得高額利潤。這個定律的實質是在告訴企業決策者：在激烈的市場競爭中，只有那些時刻心存危機意識、不斷自我超越、不斷自我完善的團隊才能立於不敗。

64 我是優秀的

遊戲人數：全體參與。

遊戲時間：1 小時左右

遊戲材料：

撲克牌、黑板和粉筆（或者可以擦寫的記號筆）。

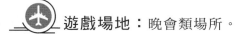

遊戲場地：晚會類場所。

遊戲主旨：

在大多數情況下，我們都期望自己是團體中最優秀的一員，為了達成這個目標，要訂立計劃、設定目標、辛勤工作、努力學習，

但最後成功的只有非常少的人。因為自我激勵不僅在於對期望的設立和實施，還在於有準確的方向。

 遊戲方法：

這是一個激勵學員自我展示的遊戲。

1. 培訓師準備一副撲克，如果人數多於 52 人，則準備兩副或者以上；必要的時候，也可以採取把學員分成幾個小組的形式。

2. 學員從培訓師手上隨機抽取一張撲克牌，拿在手裏，禁止互相傳遞和觀看。

3. 培訓師宣佈遊戲規則，遊戲開始之後，所有人都可以在場中游走。

· 每一段時間，培訓師會說一個數字，然後用你手上撲克牌的數字通過五種方式（加減乘除以及數字合併）組成培訓師所說的數字並迅速找到該數字的學員；雙方見面之後，互相介紹自己，必須包含一條對自己特長的介紹，例如我擅長唱歌、跳舞等。

· 如果有人不能說出自己的特長，則其當時的夥伴必須舉起撲克向培訓師示意，培訓師將其列名以備總結之用。

· 如果你覺得夥伴所介紹的特長根本不可信，那麼也請舉起撲克牌向培訓師示意，由培訓師組織大家一起檢驗。

· 如果有人沒有找到夥伴，則他需要站在臺上向所有學員介紹自己的一項特長，必須是可以當場表現的，介紹完畢之後就要向全體學員表演一次。

· 遊戲進行數次，培訓師通過黑板或者類似的工具統計大家所

　　說的特長。

　　4.統計完畢之後，培訓師必須進行適當的總結分析，主要是激勵學員從自己的特長入手來讓自己變得更加優秀。

遊戲討論：

　　1.你對自己的特長瞭解嗎？是一直都很明確嗎？

　　2.你是否會撒謊編造特長？是一直的行為還是臨時起意？

　　3.你是否樂意對其他人展示你的特長？當自己的特長被他人認可之後，你有什麼樣的感覺？

遊戲總結：

　　1.通過統計的方式展現學員特長，不僅可以讓學員獲得更多認同，而且因為其餘學員的比較，還可能激發學員的進取之心。

　　2.在激勵學員的同時，不能採取無原則態度。對那些編造謊言來糊弄他人的行為，要給予嚴厲的批評。

　　3.對於本身不願意展示的學員，可以利用公眾的力量，適當「逼迫」，給予壓力。如果實在不願意說，培訓師不必過分勉強，但可以將相關的培訓信息提供給培訓委託方。

　　4.可以當場展示的特長會更容易獲得認同，但對於樹立正確的目標，培訓師需要以謹慎的態度進行引導：將特長與社會利用度進行結合分析。

培訓小故事

難得的好人才

老闆傑克到警察局報案：「有個流氓冒充我們公司的推銷員，在鎮上賺了 10 萬美元！這比我所有的雇員在客戶身上賺到的錢還要多得多。你們一定要找到他！」

警官：「我們會找到他，把他關進監獄的！」

老闆：「關起來幹什麼？我要聘用他！」

不拘一格地為企業網羅一流人才，是管理者的使命之一。

65 幸福與否，決定在自己

 遊戲人數：集體參與。

 遊戲時間： 10 分鐘。

 遊戲材料：無。

 遊戲場地：不限，最好在戶外。

遊戲主旨：

人的一生幸福與否、成功與否，都取決於自己的選擇。這個遊戲透過講故事的形式，告訴你一個深刻的道理：命運都是掌握在自己手中。

遊戲方法：

這是一個激勵學員積極思考、多方面考慮問題的遊戲。

1. 讓學員們坐好，儘量採用讓他們舒服和放鬆的姿勢。

2. 培訓者給學員講述如下的故事：

生命

在義大利威尼斯城的一座小山上，住著一個天才老人。據說他能回答任何人提出的問題。當地有兩個小孩愚弄這個老人，他們捕捉了一隻小鳥，問老人：

「小鳥是死的還是活的？」老人不假思索地說：「孩子，如果我說小鳥是活的，你就會勒緊你的手把它弄死。如果我說是死的，你就會鬆開你的手讓它飛掉。你的手掌握著這只鳥的生死大權。」

3. 講完故事後，讓學員們就此故事展開討論，讓他們講講聽完這個故事後得到了什麼啟發。

遊戲討論：

1. 你覺得這個故事怎麼樣？

2. 從這個故事中，你能得到什麼啟發？對「激勵」有什麼新認

識？

 遊戲總結：

1. 這是一個很有寓意的故事。故事啟示在於：你手中握著失敗的種子，也握著邁向成功的潛能。我們有權選擇成功，也有權選擇平庸，沒有任何人或任何事能強迫你，就看你如何去選擇了。我們不能像故事中那個任性的孩子，不顧後果地決定自己雙手的開合，因為我們的手掌握的是我們自己的命運。

2. 現實生活中，有些人錯誤地理解了「自己是自己的主人」這句話的意義，遇到一些事情便以這句話為藉口而逃避責任，看似對自己負責，實質上卻是愚蠢至極的。的確，人的主人是自己，但這不代表自己可以不負責任地決定自己的命運。因此，我們做事情或者遇到困難時應該三思，搞清楚什麼是你想要的再行動。

3. 引導學員瞭解這一層意思之後，可以鼓勵他們多想一些激勵的方法。這個環節本身就是一個激發學員潛能的例子。讓學員們自己想一些激勵法可以幫助他們加深記憶，以便將這種理念帶回到工作中去。

野兔與獵狗

獵人帶著獵狗去打獵。獵人一槍擊中一隻兔子的後腿，受傷的兔子拼命地奔跑，獵狗飛奔去追趕兔子，可是最終還是沒

追上，獵狗只好悻悻地回到獵人身邊。氣急敗壞的獵人開始罵獵狗：「你真沒用，連一隻受傷的兔子都追不到！」獵狗聽了很不服氣地回道：「我盡力而為了呀！」而兔子帶傷跑回洞裏，它的兄弟們都圍過來驚訝地問它：「那只獵狗很凶呀！你又帶了傷，怎麼跑得過它的？」「它是盡力而為，我是全力以赴呀！它沒追上我，最多挨一頓罵，而我若不全力地跑我就沒命了啊！」

獵狗在追擊兔子的時候只是盡力而為，因為追不到它最多只是挨一頓罵，所以成功與否並不是非常重要。但是對於野兔來說，逃避獵狗的追擊則必須是全力以赴，因為一旦失敗，失去的就是自己的生命。雖然獵狗和兔子都在奔跑，但是兩者的心態不一樣，結果也就不一樣。盡力而為的結果就是失敗，而全力以赴的結果就是成功。

到底是盡力而為還是全力以赴？這也是很多員工在工作時經常考慮的問題。有的員工選擇了盡力而為，所以遇到風險，往往知難而退，功虧一簣。而有的員工則是全力以赴，無論遇到什麼樣的困難，都想盡一切辦法去解決，最終功德圓滿。雖然兩者僅僅是態度上的一點差異，但是結果卻是千差萬別。從中我們也可以得到一個啟示：能全力以赴的時候千萬不要只是盡力而為。

很多員工覺得自己對工作盡力而為已經是為工作付出了足夠多的努力，其實，要想獲得成功，這種努力是不夠的，只有那些全力以赴的人才能獲得最終的成功。試想一下，為什麼很多人總是在說自己差一點就成功了呢？這些人到底「差」在哪里呢？他們所差的就是沒有全力以赴。雖然從表面來看，和盡

力而為差別並不大，但是對於成功來說，一滴汗水的差別就能改變結果。只要你多付出一滴汗水，你就可能是成功，少一分鐘的努力，就可能是失敗。所以，在工作之中，不要害怕多付出。只要你多付出，你就能多得到。

66 舉辦音樂會

遊戲人數：全體參與，分成合適的小組。

遊戲時間：活動 30 分鐘，討論 30 分鐘。

遊戲材料：事先準備的樂器。

遊戲場地：教室或者較為開闊的場地都可以，但要能夠放下相應的樂器，並且需要一定的安靜程度。

遊戲主旨：

基於激勵的主題，本遊戲的主旨在於從競爭合作中提升團隊積極度、激勵團隊士氣、激發團隊參與熱情。

遊戲方法：

這是一個以團隊目標培養合作精神和創新意識的遊戲。

1. 培訓師事先準備一些樂器，不需要特別的專業樂器，以打擊樂器為主，也不需要真的打擊樂器，通過敲擊發聲的材料即可，但種類越多越好。

2. 根據準備的樂器種類將學員分組，保證每個學員都能參與。

3. 宣佈遊戲規則：在接下來的 30 分鐘時間內，需要所有學員利用手中的「樂器」敲擊聲音，最終匯成一股和諧的曲調；以聲音最突出的小組為優勝小組；當 2/3 的小組覺得可以開始演練時，培訓師組織大家演練；當 2/3 的小組覺得有必要私下商量探討的時候，培訓師則宣佈自由討論，除了不能交換各組之間的樂器外，可以做任何可以做的事情。

4. 評選最優小組時以所有學員的意見為主，培訓師作最後決定。

5. 如果培訓師不通樂理，可以邀請相關專業人士參與；或者以學員中具備相應能力的學員作為觀察評判員。最終的曲調完美演奏 2 分鐘則算作任務完成。

 遊戲討論：

1. 各個小組內部對於整個團隊的任務持什麼看法？關鍵點在那裏？

2. 小組個體有沒有實施困難的方面？例如小組內部完全不能和諧，總有人發出雜音怎麼辦？在既有小組訓練又必須有大團隊訓

練的時候，如何合理安排時間資源？

　　3. 大團隊有沒有領導團隊？領導團隊屬於技術型領導還是外行型領導？

　　4. 各小組對於優秀小組的名譽如何看待？因為和諧曲調總需要低音和高音配合，雖然低音未必不能突出，但機會會比高音少很多，有主動演奏低音的小組嗎？

 遊戲總結：

　　1. 這個遊戲的要點就在於小組是否能夠迅速完成小組內部的和諧統一，因為當你已經具有成果的時候，會讓人有遷就於你的思想。當然，最終沒有絕對的結果，各小組之間的溝通也是關鍵的一環。

　　2. 當各小組沉迷於小組內部的調整而不能自拔的時候，培訓師要注意提醒整個團隊的任務。

　　3. 如果產生了極為激烈的小組衝突，培訓師在旁觀的時候可以稍作提醒，例如說「用時快到了」或者「某某小組已經完成了」來提醒。

　　4. 關於最優小組的評選，培訓師不能夠完全就事論事，要根據實際情況，對於其他付出很多的小組給予公正的評價。必要時，可以宣佈整個大團隊為優勝隊，這需要在整個任務完成得比較好的前提下。

　　5. 對於如何充分發揮個體或者團隊的能動性，是培訓師在總結討論時應該重點關注的。

67 如何激勵自己

 遊戲人數：集體參與。

 遊戲時間：10 分鐘。

 遊戲材料：紙和筆。

 遊戲場地：不限。

 遊戲主旨：

境由心造，每個人都會在生活中遇到很多不開心、不順利的事情，但是不要讓這些小小的烏雲遮住你心裏的太陽，保持你的開心和積極向上的心態吧。

 遊戲方法：

這是一個教導學員以積極的方式激勵自己的遊戲。

1. 培訓者首先發給學員一些小紙條，讓他們在紙條上寫下自己今天不開心的事情。

2. 培訓者將這些小紙條收上來，抽出其中的幾張紙條，然後將他們心中的不愉快念出來，這些不愉快可能是下面的幾件事情：我

的妻子又在沒完沒了地嘮叨，我的老闆給了我很多我不喜歡幹的事情。然後讓大家寫一些自己認為值得高興的事情，例如我的兒子考了 100 分等。

 遊戲討論：

1. 為什麼總是容易被一點小事搞得不開心，而忽略了生活中的很多美好之處呢？

2. 怎樣才能克服負面情緒更好地投入到工作當中去呢？

 遊戲總結：

1. 我們常常會羨慕別人，認為別人過的日子沒有煩惱，自己卻總是處於一連串的倒楣事當中，殊不知，人生不如意者十之八九，每個人都會遇到各種各樣的煩惱，關鍵是不同的人對待它的態度不同，放輕鬆，一切都會好起來。

2. 和平、快樂的心情是我們成功進行工作和學習的重要前提。

心得欄 _____

_____

_____

_____

_____

_____

68 作出讚美對方

遊戲人數：2 人一組。

遊戲時間：15 分鐘。

遊戲材料：無。

遊戲場地：不限。

遊戲主旨：

在這個遊戲中我們要說出彼此的優點。通過這種方式，你會發現你有很多優點原來是自己所不瞭解但別人卻看得到的。

遊戲方法：

這是一個教導學員互相認同優勢、增強自我信心的遊戲。

1. 將學員分成兩人一組。

2. 讓每個小組的成員分別就下面的三個方面給出他對對方的讚美：

· 對方的相貌外形方面。

· 對方的個性品質方面。

· 對方的才能和技能方面。

要求每個人的每個方面至少要有兩條。

最後大家要分別說出他對搭檔的讚美。

 遊戲討論：

1. 這個遊戲是否讓你很不舒服？

2. 我們怎樣才能更輕鬆地向對方提出我們的正面評價？我們怎樣才能更坦然地接受別人對我們的讚美？

 遊戲總結：

1. 給予或接受他人給予的讚美對於很多人來說都是一個新的嘗試，但是只有互相的欣賞才能讓彼此之間的交流更加流暢。只有讓一個人感覺你喜歡他，他才能喜歡你。

2. 對於別人的正面評價不能毫無根據，這樣會讓對方覺得你在討好他，對他有所求。一定要抓好合適的時機，找準對方的閃光點，誇獎那些他認識到的優點，或者你幫他發掘他的優點，但注意一定要能自圓其說。

3. 要學會以一個正確的態度來接受別人的讚美，要學會微笑地接受，但同時又不能將別人的讚美太當真。

69 嘉賓要閃亮登場

遊戲人數：集體參與。

遊戲時間：2～3 分鐘。

遊戲材料：特邀演講者或培訓者的簡歷和資料。

遊戲場地：不限。

遊戲主旨：

本遊戲是用一種新穎獨特的方式介紹一位特邀演講者或嘉賓，旨在烘托熱烈的氣氛，增強發言者的信心，體現聽眾對他的支持和尊重。

本遊戲不僅適用於大型會議，使演講者或嘉賓感覺很有面子；也可用於演講培訓中，用這種方法給發言者打氣，提高培訓效果。

遊戲方法：

這是一個介紹激勵方法的遊戲。

1. 在事前取得特邀演講者或嘉賓的資料，將其分成幾部份，分發給幾個與會人員，請他們每人取下其中的一部份。

2.當你請到這位特邀演講者時，當眾聲明：「我們的特邀發言人大名鼎鼎，我想你們會比我更瞭解他。」

3.暗示那幾位事先背誦過資料的與會者介紹一下發言人的情況。

 遊戲討論：

1.當特邀演講者聽到這麼多人都很熟悉他的時候，他是否很高興？演講效果會不會有所提高？

2.作為發起人，怎樣做才可以和另幾位與會者配合得天衣無縫？

 遊戲總結：

1.本遊戲是一個有效地提高發言人地位和自信的方法。但是成功的關鍵是要做得自然，不能讓特邀演講者看出破綻，或發現是事先安排好的，否則不僅他個人感情會受到傷害，而且也會損害與會者在其心中的形象和評價。因此，要運用一些暗示的方法，掌握暗示的時機，做到自然和真實。

2.作為主持人，在當眾聲明特邀演講者鼎鼎有名時一定要風趣和幽默，盡可能地激發所有人的注意力和積極性，這樣才能取得真實的效果。

70 讚美技巧的訓練方式

遊戲人數：不限。

遊戲時間：8 分鐘。

遊戲材料：無。

遊戲場地：不限。

遊戲主旨：

讓組員瞭解感情激勵的重要意義和作用，讓組員學會運用讚美來進行感情激勵。

遊戲方法：

1.閉目，放鬆(在背景音樂下，一個部位一個部位地進行)，想出現實中你最討厭的一個人，把這個人明確化，想像出他的優點或比你強的方面來(特徵、個性、外在)。

2.把它們寫出來，寫出對這個人的讚美語句，至少三句話。

遊戲討論：

如何通過對對方的讚美來進行激勵？

你認為讚美在企業中激勵效果如何？

你還能夠想到那些感情激勵方法？

 遊戲總結：

學會寬容，站在欣賞他人的角度來產生讚美的意願，讚美應該是發自內心，而非僅靠說話技巧，要配合親切的眼神和身體動作。把我們親切的眼神帶給對方，冷漠就此消失；用我們的耳朵來傾聽，爭辯就沒有了。

讚美不要猶豫要及時，用詞要得當，莫因主觀的意識而丟失快樂的權力。透過讚美，讓你我都快樂，感染這一氣氛，激勵下屬。

心得欄 _____

_____

_____

_____

_____

_____

71 激發意志力的全身運動

💷 **遊戲人數**：集體參與

💲 **遊戲時間**：5 分鐘

🎯 **遊戲材料**：音響器材和廣播操音樂磁帶

✈ **遊戲場地**：空地或大會場

€ **遊戲主旨**：

　　大家在學生時代，一定做過廣播體操。這個遊戲也涉及到廣播體操的動作，與學校不同的是，這個遊戲還要求學員的動作保持一致。

　　這個遊戲的作用在於活躍氣氛，幫助學員放鬆精神，提高學習效果。同時增強學員動作的協調性，還可以起到鍛鍊身體的作用。

✈ **遊戲方法**：

　　1. 將學員分成 8 人一組。把他們帶到一個開闊的場地裏，讓每組學員分散站開，面向培訓者。

　　2. 播放振奮人心的廣播體操音樂，學員們在培訓者的帶領下完

成以下系列動作，每組動作重覆兩遍：

· 拍腿 1－2－3－4

· 捶拳 1－2－3－4

· 捶肘部 1－2－3－4

· 手掌交疊 1－2－3－4

· 聳肩膀 1－2－3－4

· 擦玻璃 1－2－3－4

· 劃水 1－2－3－4

· 拍蚊子 1－2－3－4

3.找出動作跟不上大家的學員，讓他在結束後為大家表演一個節目。

 遊戲討論：

1.問問學員，他們還知道那些放鬆的方法？

2.你們玩的時候，多久就會出現步調不一致的地方？為什麼會出現這種情況？這種情況是否有所改進？

 遊戲總結：

1.玩這種遊戲時，保持步調一致很重要。這取決於遊戲者之間的互相瞭解和有力領導。每個成員都存在個體差異，這是導致不協調的原因。隨著遊戲的進行，大家彼此的配合度會提高，不協調的情況也會大大減少。

2.玩這個遊戲時，個人素質也有很大關係。有的人天生運動和協調能力就較差，並不是故意不與大家保持一致。出現這種情況大

家不要埋怨他，要時刻記住你們是屬於一個集體的。

3.作為培訓者也不要對這種學員失去耐心，或者出言開玩笑，這樣會傷害學員的自尊心，也會影響到整個遊戲的效果。

4.這個遊戲適合於培訓課程的中間階段或者發現學員明顯學習力或積極性下降的時候，可以幫助學員們恢復精神，得到放鬆。還可以活躍氣氛，使原本沉悶的氣氛得到緩解，讓學員帶著輕鬆的心情接受新知識。

72 趣味跳繩

遊戲人數： 全體參加，分組競賽。

遊戲時間： 15～20 分鐘。

遊戲材料： 粗跳繩 1 根。

遊戲場地： 室外遊戲

遊戲主旨：

使隊員互助合作形成共識，完成低難度活動。

遊戲方法：

　　請兩個人各握住繩子的一端。其他人要一起跳過繩子，所有人都跳過後算一下，數一數整個團隊總共能跳多少下。

 遊戲討論：

　　1.當有人被絆倒時，各位當時發出的第一個聲音是什麼？

　　2.發出聲音的人是刻意指責別人嗎？

　　3.想一想自己是否不經意就給別人造成了壓力？

　　4.接下來我們應該怎麼做，才能使剛才的情況不再發生？

 遊戲總結：

　　1.提醒膝蓋或腳部有傷者，視情況決定是否參與。

　　2.場地宜選擇戶外草地進行，以免受傷。

　　3.合組跳繩時應注意夥伴的位置及距離，以免踏傷夥伴或互相碰撞。

　　4.可考慮不同的跳繩方式，如：每個隊員依序進入。

　　5.可用 2 條繩子，或變換用繩方向。

73 最美妙的雨點變奏曲

遊戲人數：全體學員

遊戲時間：30 分鐘

遊戲材料：無

遊戲場地：空地

遊戲主旨：
激發隊員的情緒，活躍氣氛。

遊戲方法：

1. 讓所有學員利用身體碰撞發出兩種以上的聲音，會發現學員會發出各種各樣的聲音出來，場面一片混亂。

2. 讓所有學員以自己最擅長的方式發出聲音，會發現學員的聲音會進行匯合，形成幾個主流的聲音。

3. 培訓師引導大家漸漸形成四種聲音發出的方式：手指互相敲擊、兩手輪拍大腿、大力鼓掌、跺腳。

4. 如何讓學員將我們發出的聲音變成有節奏的東西呢？是不

是可以提醒學員利用一種自然界的現象來使我們發出的聲音變得美妙動聽？

5.想像一下，我們發出的聲音和下雨會不會有許多相似的地方：

⑴「小雨」——手指互相敲擊

⑵「中雨」——兩手輪拍大腿

⑶「大雨」——大力鼓掌

⑷「暴雨」——跺腳

6.培訓師說：「現在開始下小雨，小雨變成中雨，中雨變成大雨，大雨變成暴風雨，暴風雨變成大雨，大雨變成中雨，又逐漸變成小雨……最後雨過天晴。」隨著不斷變化的手勢，讓學員發出的聲音不斷變化，場面會非常熱烈。

7.最後，「讓我們以暴風驟雨般的掌聲迎接……」（遊戲結束）

心得欄

74 心有千千結

遊戲人數：全體參加，10 人一組最佳。

遊戲時間：20 分鐘。

遊戲材料：無

遊戲場地：室內外均可

遊戲主旨：

讓隊員體會在解決團隊問題方面都有什麼步驟。聆聽在溝通中的重要性，以及團隊的合作精神。

遊戲方法：

1. 全組手拉手站成一個圈。記住左手邊是誰，右手邊是誰。

2. 當主持人喊開始的時候。隊員可以鬆開手自由自在地就近散步。但不要離開小組的範圍。

3. 當主持人喊停的時候，所有隊員原地停下，不管是什麼姿勢，都不要動。

4. 所有隊員伸出左手拉住原來站在你左邊的朋友，再伸出右手

拉住原來站在你右邊的朋友。現在大家都聯結起來了，請試一試，用什麼辦法能在不鬆開手的情況下還原為剛才那個大圈？

5.看看那個小組最先成功？有什麼感受？

 遊戲討論：

1.你在遊戲開始時的感覺怎樣，是否思路很混亂？

2.當解開了一點兒以後，你的想法是否發生了變化？

3.有沒有人僅僅是因為左右手搞反了而使集體的任務前功盡棄？

4.最後問題得到了解決，你是不是很開心？

5.在遊戲過程中，你學到了什麼？

 遊戲總結：

在團隊中，制度至關緊要，正像我們的遊戲中，左就是左，右就是右，任何一個人搞錯都將使團隊的任務毀於一旦。如果一個團隊有一個簡潔而高效的制度，那麼這個團隊至少已經成功了一半。

75 獵人與兔子的關係

遊戲人數： 全體參加，6 人一組最佳。

遊戲時間： 20～30 分鐘。

遊戲材料： 無

遊戲場地： 室內

遊戲主旨：

　　三個臭皮匠，頂個諸葛亮。通過遊戲使大家感受到個人智慧與群體智慧的關係，感受個人在團隊中的作用。

遊戲方法：

　　1. 主持人對參加遊戲者講述下列材料。請參加者假設自己就是獵人。思考怎樣對待獵狗。並把自己的答案講出來與大家分享。討論分享後的感受。

　　材料：

　　⑴一條獵狗將兔子趕出了窩，一直追趕它，追了很久仍沒有捉到。牧羊人看到此種情景，譏笑獵狗說：「你們倆之間小的反而跑

得快得多。」獵狗回答說：「你不知道我們的跑是完全不同的！我僅僅是為了一頓飯而跑，它卻是為了性命而跑呀！」

⑵這話被獵人聽到了，獵人想，獵狗說的對啊，那我要想得到更多的獵物，得想個好法子。

2.想想都有什麼方法？先給大家 5 分鐘時間個人思考。然後把意見拿出來大家討論。

如果獵人這樣：獵人又買來幾條獵狗，凡是能夠在打獵中捉到兔子的，就可以得到幾根骨頭，捉不到的就沒有飯吃。這一招果然有用，獵狗們紛紛去努力追趕兔子，因為誰都不願意看著別人有骨頭吃，自己沒的吃。就這樣過了一段時間，問題又出現了：大兔子非常難捉到，小兔子好捉，但捉到大兔子得到的獎賞和捉到小兔子得到的骨頭差不多，獵狗們善於觀察並發現了這個竅門，專門去捉小兔子。慢慢的，大家都發現了這個竅門。獵人對獵狗說：「最近你們捉的兔子越來越小了，為什麼？」獵狗們說：「反正沒有什麼大的區別，為什麼費那麼大的勁去捉那些大的呢？」

3.接下來你怎麼辦？給大家 5 分鐘時間個人思考。然後把意見拿出來大家討論。

如果獵人這樣：

⑶獵人經過思考後，決定不將分得骨頭的數量與是否捉到兔子掛鉤，而是採用每過一段時間，就統計一次獵狗捉到兔子的總重量，按照重量來評價獵狗，再決定一段時間內的待遇。於是獵狗們捉到兔子的數量和重量都增加了，獵人很開心。但是又過了一段時間，獵人發現，獵狗們捉兔子的數量又少了，而且越有經驗的獵狗，捉兔子的數量下降的就越厲害。於是獵人又去問獵狗，獵狗說：「我

們把最好的時間都奉獻給了您，主人，但是我們隨著時間的推移會老，當我們捉不到兔子的時候，您還會給我們骨頭吃嗎？」

4.接下來你還要怎麼辦？給大家 5 分鐘時間個人思考。然後把意見拿出來大家討論。

如果獵人這樣：

⑷獵人作了論功行賞的決定，分析與匯總了所有獵狗捉到兔子的數量與重量，規定如果捉到兔子超過了一定的數量後，即使捉不到兔子，每頓飯也可以得到一定數量的骨頭。獵狗們都很高興，大家都努力去達到獵人規定的數量，一段時間過後，終於有一些獵狗達到了獵人規定的數量。這時，其中有一隻獵狗說：「我們這麼努力，只得到幾根骨頭，而我們捉的獵物遠遠超過了這幾根骨頭，我們為什麼不能給自己捉兔子呢？」於是，有些獵狗離開了獵人，自己捉兔子去了……

5.接下來，你又該怎麼辦？給大家 5 分鐘時間個人思考，然後把意見拿出來大家討論。

 遊戲討論：

1.通過討論後你的思想發生了怎樣的變化？

2.大家的意見對你有什麼幫助？

3.團隊智慧的作用如何？

 遊戲總結：

企業團隊中，管理者要盡可能地將員工的潛能挖掘出來，通過各種方式，培養最好的「獵手」，捕到最好的「獵物」。

76 先和自己簽下未來合約

 遊戲人數：全體參與，獨立完成

 遊戲時間：20 分鐘

 遊戲材料：

每人一套活頁表格，一個信封，一枚郵票（如附件）

 遊戲場地：室內

 遊戲主旨：

在經過技術培訓、個人發展或職業教育課程之後，人們的行為往往會有所變化，但有時候這些變化並不能持久，如何讓自己的轉變繼續下去呢？我們需要激勵自己。

 遊戲方法：

1. 在培訓課程接近尾聲的時候，培訓者發給每一位學員一份合約。

2. 然後對與會人員說，在課程中已經講授了大量的內容，能否將這些內容應用於工作當中呢，則取決於他們自己。

3.留給大家足夠的時間讓他們去填寫這份合約，然後發給他們每人一個空白信封，讓他們寫下自己的地址，將合約放在裏面，然後封上口，交還給培訓者。

4.在課程結束之後的 2～3 週內，將這些合約重新寄還給與會人員。

 遊戲討論：

填寫這份合約，對你的思想和行動，會產生了什麼樣的影響？有多少人認為自己能做到對自己許諾的事情？最後又有多少人是做到了呢？是什麼因素阻礙了他們遵循自己的誓言？

 遊戲總結：

1.在課程結束的一開始，每個人總是會信誓旦旦的要完成什麼樣的目標，但是經過一段時間的工作之後，又會由於種種或大或小的原因不能履行。此時培訓者寄過去的合約，就會重新激勵起受訓者的鬥志，使其又有動力去做想做的事。

2.可以根據培訓課程的不同修改合約，使其適應不同課程的需要。

附件：合約樣式

收 信 人：

發 信 人：

主 題：與自己的合約

日期：

在此次課程中，我學到、認識到的最重要的觀念是：

受這些觀念的影響，在隨後的 30 天中，我決定作如下事情：

做這些事情，會產生下列結果：

關於本人自己的合約

心理合約：

這份合約是我對自己的一個承諾，我一定要有所改變。

合約條件：1. 對存在的問題的清醒認識(如：我每天抽 30 支香煙，這會導致癌症。)

2. 渴望改變。(我希望戒煙、戒酒)。

3. 宣言(我一定要在 30 天裏停止抽煙)。

⑴宣言措辭清晰；

⑵具有可執行性；

⑶有具體時間期限。

4. 對改變進程的回顧計劃(我計劃每天少抽一支煙，我會在桌前放一張大表，計算我每天所抽的香煙，提醒我每天的定額)。

5. 可觀的獎勵(如果我成功戒煙了，而且堅持 6 個月，我要獎勵自己到 _____ 度假)。

指導說明：給你自己寫一個合約，向自己作出一個承諾，作為這次培訓課程的成果。請在最後簽名，將這封信放進信封，寫上自己的地址。我們會在 30 天內將這個合約寄給你。

親愛的 _____ ：

簽 名：_____

日 期：_____

77 銷售中的異議

遊戲人數：集體參加，2 人一組。

遊戲時間：15 分鐘。

遊戲材料：紙筆若干。

遊戲場地：室內

遊戲主旨：

　　訓練隊員在面臨異議和爭端的時候，跟顧客進行有效溝通，訓練銷售技巧。

遊戲方法：

　　1.將隊員分成 2 人一組，其中一個是 A，扮演銷售人員，另一

個是 B。扮演顧客。

2.場景一：A 現在要將公司的某件商品賣給 B，而 B 則想方設法地挑出本商品的各種毛病，A 的任務是一一回答 B 的這些問題，即使是一些吹毛求疵的問題也要讓 B 滿意，不能傷害 B 的感情。

3.場景二：假設 B 已經將本商品買了回去，但是商品現在有了一些小問題，需要進行售後服務，B 要講一大堆對於商品的不滿。A 的任務仍然是幫他解決這些問題，提高他的滿意度。

4.交換一下角色，然後再進行一遍。

5.將每個組的問題和解決方案公佈於眾，選出最好的組給予獎勵。

 遊戲討論：

1.對於 A 來說，B 的無禮態度讓你有什麼感覺？在現實的工作中你會怎樣對待這些顧客？

2.對於 B 來說，A 怎樣才能讓你覺得很受重視，很滿意，如果在交談的過程中，A 使用了像「不」「你錯了」這樣的負面辭彙時，你會有什麼感覺？談話還會成功嗎？

 遊戲總結：

1.對待顧客的最好的方法就是要真誠地與他溝通，站在他的角度思考問題，想方設法地替他解決問題；能夠解決的問題儘快解決，不能解決的要對顧客解釋清楚，並且表示歉意；有時候即便顧客有些不太理智，銷售人員也要保持微笑。要始終記住：顧客是上帝，上帝是不會犯錯的！

2.在交流的過程中，語言的選擇非常重要，同樣的意思用不同的話說出來意思是不一樣的，多用一些積極的辭彙，儘量避免使用一些否定的、消極的話語，這樣才能讓顧客心裏覺得舒服，讓顧客滿意。所以，對於公司的主管來說，要在平時多注意培養員工這方面的素質。

3.在以商品流通為主流的社會中，企業的生產及發展都是圍繞著顧客展開的，所以如何對待你的顧客，將決定你的企業的發展步伐。

78 模仿記者招待會

遊戲人數：集體參加，每組 2 人。

遊戲時間：10 分鐘。

遊戲材料：無

遊戲場地：室內

遊戲主旨：
體驗不同角色的特點，增強溝通能力。

遊戲方法：

1. 將所有人進行分組，每組 2 人。

2. 主持人提問：「在小組裏誰願意做 A？」

3. 選出 A 後，剩下的人為 B。

4. 主持人說：「A 代表八卦雜誌的記者，B 代表被採訪的明星。A 可以問 B 任何問題，B 必須說真話，也可以不回答，時間 3 分鐘，不可以用筆記。

5. 10 分鐘後角色互換。

此遊戲還可以進行改編，即將原先的分組重新組合，每 6 人一個組，原來的搭檔必須仍在同一組，可由 A 扮演 B 的角色，以 B 的身份說出剛剛所掌握的 B 的情況，並告訴其他隊員。做完之後互換角色，達到小組成員能夠迅速地認識同伴並建立關係。

 遊戲討論：

1. 作為記者，你是怎樣使明星順利開口回答你的問題的？

2. 互換角色後，你分別有什麼感受？

 遊戲總結：

1. 該遊戲可用於溝通遊戲當中，主要說明的是與陌生人進行交往的一些知識。例如，我們將談話的內容分為幾個層次，最外層的談話是對客觀環境的交談，例如談天氣、談股市，因此比較容易交談；第二層就是一些有關談話者自身的話題，例如交談社會角色的話題，例如你的家庭狀況如何呀？你是那裏人呀？等等問題；第三

層就更深一層，會涉及到個人隱私部分等比較敏感的話題，例如對性、金錢的態度，個人能力的判斷等等；最後一層則是個人內心的真實世界，例如道德觀、價值觀等。不同層次的話題適合不同的場合和談話對象，層次越高，雙方的溝通和相互信任越能體現出來。

2. 這個遊戲對於直接面向客戶式的銷售人員的溝通能力的培養很重要，就是要懂得循序漸進地將顧客心理的保護屏障一層層剝掉，從而使顧客從內心對自己產生一定的信任，促使銷售成功。

團隊激勵管理能力自測

在團隊中，團隊激勵管理能力是指管理者進行自我激勵和採用各種激勵方式激勵團隊成員的能力。請通過下列問題對自己的該項能力進行差距測評。

1. 你如何認識團隊激勵？

A. 需要把團隊看成一個整體

B. 離不開個體激勵

C. 是個體激勵之和

2. 你如何看待績效標準與由此產生的激勵效果的關係？

A. 績效標準決定著激勵效果

B. 績效標準影響著激勵效果

C. 影響有限

3. 你如何對待團隊成員提出的反對意見？

A. 進行獎勵

B. 進行鼓勵

C.根據自己的判斷決定是否接受

4.你一般什麼時候會對團隊成員進行獎勵？

A.及時

B.定期

C.在下屬有重大貢獻時

5.你如何看待良好福利的作用？

A 能有效激勵團隊成員

B.能夠穩定團隊成員

C.能改善團隊與成員的關係

6.你如何才能對團隊成員進行有效激勵？

A.針對需求

B.精神與物質相結合

C.高物質獎勵

7.你一般如何選擇激勵方式？

A 因人而異，因事而異

B.多種激勵方式並用

C.總是慣用某種激勵方式

8.作為團隊管理者，你如何對團隊進行目標激勵？

A.我協助成員設定目標

B.讓成員自己設定目標

C.我為團隊設定一個目標

9.你如何認識批評和懲罰對團隊成員的影響？

A.是一種激勵方式

B.確保成員朝正確的方向前進

C.可減少不良行為的發生

10.作為團隊管理者，你如何認識自身的行為對成員的影響？

A.好的行為是一種示範激勵

B.以身作則為成員樹立榜樣

C.影響有限

選 A 得 3 分，選 B 得 2 分，選 C 得 1 分。

24 分以上，說明你的團隊激勵管理能力很強，請繼續保持和提升。

15～24 分，說明你的團隊激勵管理能力一般，請努力提升。

15 分以下，說明你的團隊激勵管理能力很差，急需提升。

79 物質獎勵的效果

 遊戲人數：10 人以下一組

 遊戲時間：3 分鐘

 遊戲材料：事先準備好的強化刺激用品

 遊戲場地：不限

 遊戲主旨：

做這個遊戲時，通過這些活動來提高學員的積極性，鞏固學習效果。

使遊戲參與者都能做出積極的行為和舉動。

讓遊戲參與者都從內心感受到正面的激勵。

管理者應該及時地對團隊的積極表現給予正面肯定，發獎品時也必須準確、慷慨，否則會打擊團隊的積極性，並懷疑領導者的信用。

對團隊成員的某種行為給予肯定或獎勵，以後這種行為再現的頻率會增加，從而使這種行為得以鞏固和持續。

 遊戲方法：

1. 準備一些學員感興趣或想得到的獎品，如 KTV 的歡唱券。

2. 向他們說明遊戲的獎勵機制，告訴學員他們是可以獲得這些獎勵的，只要他們做出積極的舉動。

3. 在獎品上貼上速貼標籤，面寫著：「成功來自能夠，而不是不能。」學員會為這一口號而大為振奮，當看到自己的行為被大家認可並因此得到獎勵時，他們會喜歡上這個遊戲，並做出相應的反應。

4. 任何時候，只要有人提出了一個深刻的見解或者用一句幽默的話語打破了房間的沉悶氣氛，就獎勵此人一件獎品，這會促使其他人也加倍努力去贏得他們想要的獎品。

遊戲討論：

1. 為什麼人們會積極參與？你認為其中的奧妙在那裏？

2. 如果培訓師有一次扣發一次獎品，學員的反應會怎樣？會出現什麼後果？

3. 如果培訓師選擇了錯誤的獎品，學員的反應會怎樣？會出現什麼後果？

4. 你認為正面激勵還有什麼其他方式？

80 如何透過選圖，來看性格

遊戲人數：集體參與

遊戲時間：30 分鐘（按學員人數而定）

遊戲材料：圖片和答案卡

遊戲場地：教室

遊戲主旨：

這是一個看圖遊戲，通過選出自己喜歡的圖片，可以知道自己

的性格類型，更好的認識自己，對人們的學習和工作，都很有幫助。

 遊戲方法：

　　1. 發給每個學員一張圖畫，讓他們憑直覺選出最奇幻的一幅。

　　2. 學員選完之後，讓每個學員站起來說說他們的答案是怎樣的。培訓者依照下面的答案，依次幫每個人解析他們的性格。

 遊戲討論：

　　1. 你最喜歡的圖片是那一張？能說說原因嗎？

　　2. 對於你的性格解析你是否認同？有那些是和你的認知不一致的？

 遊戲總結：

　　1. 每張圖片的答案如下：

　　⑴代表你是個感性的人

　　⑵代表你很穩重

　　⑶代表你是個積極瘋狂的人

　　⑷代表你是個十分普通的人

　　⑸代表你是個很自信的人

　　⑹代表你是個愛好和平的人

　　⑺選這個結果的人的性格是最好的，代表完美

　　⑻代表你是個很浪漫的人

　　⑼代表你是值得別人信任的人

2. 相應圖片的解釋：

⑴敏於思、易感型

你重視自我遠超乎重視旁人。你討厭表面的虛浮，寧願獨處也不要忍受無味的言談。但你與朋友的關係卻是密切的，他們帶給你內在的平靜與和諧，讓你感到美好。不論如何，你不會因長期的獨處而感到厭煩。

⑵獨立、不受局限型

你要求自由而獨立的生活以便決定自己的道路。在你的工作和餘暇中充滿了浪漫惟美的曲折。你對自由的渴望往往使你所做的和所期待的完全相反。

你的生活型態是高度個人化的。你不盲從世俗，相反地，你有自己的生活主見，縱使那意味著逆流而行。

⑶活潑外向型

你勇於探險，願意承擔其間的樂趣，接受不同的挑戰。例行的公事會使你奄奄一息。你喜歡扮演積極的角色，使你的意見受到重視。

⑷穩重和諧型

你鍾愛自然的型態不喜歡複雜。人們欣賞你，是因為你腳踏實地地讓人足以信賴。你給接近你的人安全感和空間，你讓人感到溫暖和人情，你拒絕誇飾與陳腐，你懷疑時尚的古怪。對你而言，衣著重在實用與優雅。

⑸專業自信型

你挑戰人生，相信行動而非運氣。你擅以實際而不複雜的方式解決問題。你以務實的角度看待你的日常生活而從不猶豫不決。在

工作中，你被賦以高度的責任，因為人們知道你是可以被信賴的。你意志的力度對別人展現了你的自我保證。你從不滿足，直到完成你自己的理想。

⑹平和謹慎型

你的思慮週到，容易交到朋友，卻仍然可以享受隱私和自立。你喜歡時刻拋離一切獨自思考生命的意義，並且享受自我。你需要空間，因此你會逃到美麗的藏身之處，但卻並不因此而成為一個孤獨的人。你保持自我與世界的祥和，享受生命和世界提供的一切。

⑺無憂無慮、好玩型

你熱愛自由和自主的生活。你期盼，如「你只活一次」這句話一般地完全享受生活。你充滿好奇心，而且對所有新鮮的事物開放心胸，在變化中茁壯成長。沒有什麼是可以讓你感到疲倦的。你多姿多采地體驗四週而總是驚喜於萬物的美好。

⑻浪漫感性型

你是一個非常敏感的人。你拒絕從清醒而理性的觀點看事情，你的感覺告訴你的才是最重要的事。事實上，你也覺得在生命中有夢想才是最重要的事。你討厭藐視浪漫而只重理性的人。你討厭被任何事物限制了你豐富的心情變化。

⑼分析、自信型

連你瞬間的感受都是高品質和耐久的。結果是，你喜歡置身於「珠玉」當中，而它們總是人們視為糟粕無從發現的。因此，文化在你的生活中扮演了重要的角色。

你以優雅而獨一無二的個人方式發掘自我，悠游於時尚的奇想之外。你根植於自己生活的理想，乃是帶著文化上的滿足的。

3.每個人都很在乎外界對自己的評價,一些正面的評價可以幫助學員認識自己,還可以及時改正自己的弱點。另外,這個遊戲還可以給學員一定的激勵,讓他們發現自己性格中積極的一面,並繼續發揚,樹立自信。

81 積極讚揚的作用

遊戲人數：集體參與

遊戲時間：15 分鐘

遊戲材料：每人一支筆、紙條若干

遊戲場地：室內

遊戲主旨：

1. 讓遊戲參與者認識到讚美也是一種激勵。

2. 使得管理者認識到讚美激勵的重要作用。

每位團隊成員都需要別人的肯定,這種真誠的讚揚可以提高他們的自信心和滿意度,有助於團隊績效的提高。

真誠的讚揚可以激勵團隊成員更加努力奮進,培養團隊中和諧

的人際關係，增加團隊的團結度。

 遊戲方法：

1.給每個學員 8 分鐘的時間，讓他們如實地、盡可能多地在紙條上寫出對其他學員的讚揚，這些讚揚可以是程度較淺的，如「你的領帶真不錯」、「你的衣服很漂亮」等。

2.這些讚揚紙條可以是匿名的，也可以被折起來。但當學員把它交給接受者的時候，必須注視著接受者，彼此間進行目光的交流。

3.所有的學員把自己寫的讚揚紙條都給了別人之後，都需要走回自己的座位。在每個人都落座後，培訓師可以示意學員們同時打開他們收到的讚揚紙條。

4.收到讚揚紙條的學員需要當眾讀出上面的讚揚之詞。

5.培訓師組織學員進行問題討論。

 遊戲討論：

1.你是否能將收到的讚揚之詞與那些和你目光交流的人對應起來？這個遊戲對促進雙方的關係有什麼幫助？

2.我們自己是否有真誠、熱情地讚揚過同事或朋友的情況呢？

3.當你看到別人對你的某些優點進行讚揚後，你的感受如何？

4.你是否能夠通過這個遊戲學會接受他人、讚揚他人？

82 成為明星 CEO

遊戲人數：30～50 人。

遊戲時間： 180 分鐘左右。

遊戲材料：設定好的公司信息、紙筆等。

遊戲場地：有獨立隔離空間的活動場地，最好有多媒體展示設備

遊戲主旨：

本遊戲也要求學員盡可能開闊思路，尋找到最有利於現實操作的策略。

遊戲方法：

這是一個尋找激勵方法的遊戲。

1. 培訓師從參與學員中找出 5～8 名願意擔任 CEO，並有志於成長為明星 CEO 的學員。本遊戲最好是在同一級別的學員中進行。其餘學員將被隨機抽取扮演處於迷茫期和困惑期的公司員工。

2. CEO 學員將從培訓師手上隨機抽取到一些公司的情況，而後

可以從其餘學員中各自選擇 1～3 名學員作為特別助理，一起完成一個公司的員工年度激勵計劃。各公司的 CEO 特別助理不能參與本公司後期的評定流程。計劃時間為 1 小時。

3.在各公司 CEO 制訂計劃的過程中，沒有參與的學員由培訓師另行組織到一個隔離的空間，建議他們以員工的角度擬定一些自己在公司中所需要的待遇和機會。

4.雙方都完成之後，每位 CEO 隨機抽取 5 名左右學員作為本公司員工，背對自己就座。該名 CEO 學員需要在 1 分鐘以內簡單闡述自己的理念和大概計劃，如果有學員表示 CEO 所講述的令自己感到振奮，則可以轉過身來面朝 CEO，聆聽更詳細的計劃描述或者提問。1 分鐘過後如果沒有員工對這個計劃感到動心，則該 CEO 失敗，無法晉級。

5.有員工學員轉身的 CEO，將可以向非本公司特別助理的所有學員詳細講述自己的計劃，講述時間在 15 分鐘以內，講解模式自由選定和設計。最終如果員工學員表示讚賞，則可以為其投票表示支持。每位員工學員都有 3 票選擇權，因此投票會在所有 CEO 學員講述完畢之後進行。

6.投票結束之後培訓師公開唱票並宣佈獲得「明星 CEO」的學員，對其表示祝賀。

7.培訓師組織參與學員討論，以激勵模式和激勵策略為重點。

 遊戲討論：

1.你大概花了多少時間瞭解自己所接手公司的情況？如果選擇合適的特別助理？

2.你所做的計劃是否是一個純粹的激勵計劃？是否考慮過包含更多的內容，例如公司文化建設或者整體制度變革等？

3.如果你被選為特別助理，那麼打算從那些方面為 CEO 出謀劃策？如果你需要從員工角度來提議自己所需要的待遇和機遇，那麼主要會體現在那些方面？

4.什麼樣的激勵方式能夠對大多數人有效？激勵的度應該如何把握，才能維持較為長期有效的結果？失敗的激勵計劃主要問題出在那些方面？是否可以透過改進形成一個較好的方案？

5.獲得最多票數的 CEO 學員所擬訂的計劃中，關鍵亮點是什麼？是否是大多數人所期望的？

 遊戲總結：

1.在各個 CEO 學員進行計劃設計時，最好能夠分配到一個比較獨立的空間，特別是同一行業的幾個競爭公司。

2.在進行計劃講述時，培訓師注意控制節奏，如果某些計劃過於冗長和難以進入正題，應該給予適當的提醒。本遊戲的主旨在於提出激勵方法和激烈策略，最後討論總結時，培訓師應該有意識地幫助大家進行總結。

83 暈頭轉向的網球運動

遊戲人數：不限，但最好是 10 人以上。

遊戲時間： 20 鐘左右。

遊戲材料：網球。

遊戲場地：操場或者開闊的室外場所。

遊戲主旨：

在不停的歡笑中挑戰一項紀錄，是一件具有成就感的事情，本遊戲就是這樣一項運動，簡單、快樂而且具有挑戰性。

遊戲方法：

這是一個激發學員潛在能力、活躍氣氛的遊戲。

1. 培訓師從學員們中間選出 1 人做球童，負責將網球不停地滾到場地中；3 人做記分手，負責記錄在場地中不停滾動的網球的數量，每個網球算作一分。

2. 培訓師宣讀遊戲規則：

⑴學員們的任務是要讓盡可能多的網球在場地內滾動。

(2)只能用腳踢網球,不能用手滾球或者扔球,也不能用腳踩球。

(3)這項運動的世界紀錄是每人平均得 5 分,學員們至少要達到這個成績。

3.學員們有 5 分鐘的時間對運動做出計劃和安排,大家可以聚在一起討論各自的分工和實現目標的策略。 5 分鐘後,學員們在場地上四散站開。球童將第一個球滾入場地,表示遊戲正式開始,記分手開始記分。然後,球童將網球一個接一個不停地送入場地中。

4.等學員們將滾球的數量發揮到極限,不能再滾動多餘的網球時,將遊戲延長 30 秒,然後喊停,標誌遊戲結束。公佈遊戲成績,向學員們表示祝賀。

 遊戲討論:

1.遊戲前,大家是如何確定分工和策略的?

2.大家事先確定的策略得到了有效的執行嗎?在遊戲的過程中做了怎樣的調整?

3.遊戲中,大家是像一個整體,還是像一盤散沙?遊戲過程中遇到了那些問題?大家是如何解決的?

4.隨著滾動網球數量的增多,是不是有一種手忙腳亂的感覺?你是如何調整心態不讓這種消極情緒影響自己的?

遊戲總結:

1.學員們在踢球的時候要特別注意安全,不要被滾動的球絆倒,尤其是到了最後,場地中的網球數量非常多的時候。

2.遊戲開始前的規劃是非常重要的。事先有一個合理的策略會

使遊戲的進行更順利。如果事前沒有溝通和分工，等遊戲開始後，大家就會被眼花繚亂的網球滾得暈頭轉向，到時再想實行一種策略將會變得非常困難。

3.如果網球不夠多，可以提高遊戲規則的要求，網球要保持在彈起的狀態，這可以使需要的網球數量減少一半。世界紀錄的提出一定會極大地激發學員們挑戰紀錄的願望，從而使他們有非常好的表現。

84 勇士與惡龍之鬥

遊戲人數：全體參與，分成兩組。

遊戲時間：30 分鐘。

遊戲材料：氣球、捆綁手腿的柔軟綢帶或者布條、拴氣球的細繩或者其他替代材料。

遊戲場地：較為開闊平坦的場地。

遊戲主旨：

在遊戲中對參與者進行代入虛擬化，有助於增強參與學員的代

入感，增加他們的參與激情，會增加許多樂趣。

 遊戲方法：

1.培訓師需要事先準備好足夠的氣球，每位參與學員可以分到兩個。

2.將氣球吹大，大約充滿 80%的氣就可以，太脹的話容易爆掉。將參與學員分成兩組，人數基本平均即可，命名為 A 組和 B 組。

3.遊戲進行第一輪，由 A 組扮演惡龍，B 組扮演勇士。勇士小組以 2 人為單位，由培訓師監督，將並排站立之後靠中間的腿拴在一起，靠外側的兩條腿各拴一個氣球，氣球高度在腳踝附近；惡龍小組站成一列橫隊，相鄰人員朝向相反，然後伸出雙臂，由培訓師安排工作人員將他們相鄰的手臂捆上，兩端人員只捆一隻手臂，最後惡龍小組的氣球由工作人員拴在腳踝附近，如何分配氣球在隊列中的分佈，由惡龍小組自行確定，氣球總數為小組人數。

4.培訓師宣佈遊戲規則：

(1)雙方都只能用腳行動。

(2)勇士和惡龍互相以消滅對方為目標，消滅的途徑是踩爆對方的氣球。

(3)勇士的 2 人單位如果兩個人的氣球都爆了，則這個單位的勇士生命全結束，不再參與作戰。

(4)惡龍必須在所有氣球都爆之後才算生命結束。

(5)不得踢踹對方，惡意違反規則的學員將被培訓師判以「瞎眼」的懲罰。如果發生特別惡意的行為，培訓師應該當機立斷將惡意行為的實施者罰下場，並且給其對手增加適當的氣球數作為補償。

(6)如果勇士單位全軍覆沒，則惡龍勝利，任務失敗。

(7)如果惡龍組的氣球被全部踩爆，則勇士勝利，任務成功。

5.兩輪遊戲結束之後，培訓師進行總結，評選出表現優秀的團隊，對於他們的戰術和合作給予讚揚。

 遊戲討論：

1.勇士的優勢和劣勢體現在那些方面？可以透過什麼樣的方式來發揮和克服？

2.惡龍的優勢和劣勢體現在那些方面？可以透過什麼樣的方式來發揮和克服？

3.勇士和惡龍分別可以代表現實中的那些事物？本遊戲可以引申的道理都有那些？

4.本遊戲對於團隊的激勵體現在那些方面？都起到了那些效果？

 遊戲總結：

1.培訓師可以在遊戲描述中加入類似的故事描述來提升學員的參與興趣：惡龍擄走了國王的公主，隱匿在深山之中。國王大怒之下，廣發天下文告，徵募勇士除去惡龍，解救公主，並許諾給參與解救公主的勇士每人千兩黃金，最後救出公主的勇士可以成為國王的乘龍快婿。於是，許多勇士來到都城拜會國王，又紛紛帶著國王的賞賜進入深山尋找惡龍。可以配合故事準備一定的獎勵，獎勵與各自踩爆的氣球數掛鉤，便可以給予學員更為具體實在的目標，有利於激發他們的挑戰熱情。

2.這個遊戲是由傳統的晚會項目「踩氣球」發展而來，雖然並沒有複雜的操作，但其所蘊含的深意非常值得學員進行一些反思。

3.惡龍身體龐大、生命力強，但也因此帶來了極其差的靈活度；同時相鄰人員朝向不同，使得整體的運轉協調難度較大，像極了社會中的大公司、大企業。

4.勇士雖然力量分散、生命弱小，但靈活度和組織上的可擴展性使得他們並不像表面上看到的那麼弱小。當然，勇士要靠單打獨鬥和惡龍決一勝負並不是一個明智的選擇。

5.向強者挑戰，是一個弱者的榮耀，但這種鬥志並不代表莽撞。分析自我特點，積極主動進取，才是取勝之道。

6.強者的光環不可能永遠保持在某一個個體或者團體身上，要保持這樣的光環，就不可避免地會受到聯合起來的弱小個體和團體的挑戰，應對這種挑戰未必會如想像的那樣容易，稍不注意，就有全軍覆沒的危險，保持鬥志、謹慎應對才是可取的行為。

心得欄 ------------------------------

----

85 金錢大集合

遊戲人數：集體參與

遊戲時間： 10 分鐘。

遊戲材料：紙幣面值標誌牌。

遊戲場地：開闊的、適合自由運動的場地。

遊戲主旨：

這是一個激發團隊參與熱情的遊戲，它利用我們耳熟能詳的概念，誘發了人們的原始衝動。

遊戲方法：

1.讓所有參與學員圍成一個面朝裏的圓圈，培訓師站在中心宣佈遊戲規則。

2.遊戲規則如下：

(1)所有學員都會代表一定面值的錢幣，具體怎麼代表由培訓師根據實際情況確定，例如男性代表 1 元、女性代表 5 角，也可以分組分配，把 1 角、2 角、5 角、1 元、2 元……都表示出來，但最好

能夠用比較明顯的標誌來標示。

(2)活動開始之後，每隔一段時間，培訓師會隨機說出一個錢數，要求大家必須在 5 秒以內根據自己所代表的面值找到合適的夥伴累積成培訓師所說的數字。如果有沒有完成的學員，必須當場接受「懲罰」，例如做俯臥撐、蹲起、青蛙跳或者表演其他節目。

(3)在培訓師說出數字的間隙，所有學員要保持大圈的形式按照順時針慢慢行走。

(4)最後請每次都沒有找到團隊的學員站出來說說感想。

3.遊戲可以進行 5～8 次，最後一次一般是以全體人員組成的總數字形成大團結，從而達到團隊激情的高潮。

 遊戲討論：

1.你瞭解離你最近的學員分別代表那些面值嗎？

2.當培訓師每次說出數字之後，你的第一反應是什麼？是慌張亂跑找人，還是冷靜觀察？

3.有沒有好的辦法可以以較快的速度完成集合？（或許可以討論一下有人振臂一呼的積極意義。）

 遊戲總結：

1.這個遊戲很適合在一些大項目進行的中間時段進行穿插，因為它很容易激起學員的積極性，恢復整個團隊的精神面貌。

2.從現實意義來說，有衝動總是可以帶來一些積極的意義。但遊戲中體現的結果表達了更深層次的信息：積極主動之前，要注意對局面的分析。

3.這個遊戲也可以作為單純的娛樂項目。例如其中一種類型，當男性代表 1 元面值、女性代表 5 角面值的時候，男士們普遍沾沾自喜，女士們則有些情緒低落，嘴上就算不說，心中也有大罵培訓師偏心的。但當進行幾輪之後，培訓師突然報出一個數字：「5 毛！」短暫的寂靜和愕然之後，女士們紛紛大笑，男士們則待在當場，而後也紛紛大笑，氣氛瞬間融洽起來。

86 四足怪物

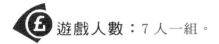 **遊戲人數**：7 人一組。

遊戲時間：15 分鐘左右。

遊戲材料：無。

遊戲場地：操場或者空闊的室外場所。

遊戲主旨：

一群陌生的學員們聚到一起，需要彼此熟悉，建立起一個親密無間的整體。這個遊戲能夠透過學員們的身體接觸，拉進相互之間的距離，而且在競爭的過程中，把自己和團隊緊密地融合在一起。

遊戲方法：

1. 培訓師劃定起點和終點，兩者相距 10 米。

2. 把學員們分成若干個小組，每組 7 人。然後，把大家帶到場地的起始線後面。

3. 培訓師解釋遊戲內容。學員們的任務是：7 人作為一個整體穿越場地，隊員身體必須直接接觸，並且不能借助外物連接在一起。另外一個重要規則是：任何時候，每組只能有四個點接觸地面，這些接觸點可以是腳、膝蓋或後背。如果遊戲過程中，那個隊的接觸點超過了四個，必須回到起點重新開始。

4. 給學員們 7 分鐘時間，計劃遊戲，確定小組內各個成員的分工。各組在計劃時要彼此分開，防止相互偷聽。

5. 培訓師在遊戲過程中發佈兩次指令。第一次指令提醒比賽將在一分鐘後開始，第二次指令表明比賽開始，最先到達終點的小組獲勝。

 遊戲討論：

1. 小組內部是如何確定分工和遊戲計劃的？

2. 在行動的過程中，是怎樣保持小組步伐一致的？

3. 一開始，大家是否覺得這個遊戲非常難，是一個不可行的遊戲？

4. 遊戲結束以後，大家的感覺怎麼樣？

5. 當看到其他小組比自己快的時候，心裏感覺是怎樣的，然後是怎樣進行調適的？

遊戲總結：

1. 在遊戲過程中，隊員們要使用正確的抬舉技巧，既要保證任務的完成，又要保證隊員的安全。

2. 可以將遊戲由 7 人一組減為 6 人一組，從而減少遊戲的難度。

3. 可以延長線路的長度，從而增加遊戲的難度。

4. 可以蒙住每組成員中一到兩個人的眼睛，從而增加遊戲的難度。

87 積極的信息回饋

遊戲人數：集體參與

遊戲時間：5 分鐘。

遊戲材料：每人發一個花名冊和幾張卡片。

遊戲場地：不限。

遊戲主旨：

每個人的行為都希望得到同伴的肯定，當一個人獲得觀眾和同

伴的肯定後，將更加積極地繼續做有益的事情。

作為一個團隊的成員，在別人做出有益的事情時，要給予隊員積極的肯定，這個遊戲就是讓學員感受讚美別人的積極作用。

 遊戲方法：

這是一個激勵學員認同他人的遊戲。

1. 發給每個學員一份花名冊，上面登有參加培訓課程的每個人的基本情況，再發給每人一張小卡片，大小要能讓他們在上面寫幾行字。

2. 叮嚀他們，在課程開始前，請他們留心觀察其他人的行為。

3. 讓學員們在卡片上寫下對每個人的正面評價，並把被評價者的名字寫在上面。當然，培訓者也可以參加這個遊戲，即對學員作評價和被學員評價。

4. 在培訓課程結束時，把這些卡片收上來，發給相應的人。給大家留足時間來快速流覽一下關於自己的評價。

 遊戲討論：

1. 如果條件允許，請學員朗讀一下他們感覺好的評價。再請他們讀一下讓他們吃驚的評價。

2. 當你看到別人對你的評價時，你會為一些內容感到吃驚嗎？

3. 評價一個人時，你的標準是什麼？

4. 一般你對一個人的評價是否會隨著時間的改變而改變呢？

遊戲總結：

1. 每個人都在乎自己在別人心中的形象，幫助他們發掘出在別人心中的美好形象，對他們的工作和生活都有很大的幫助。這個遊戲提倡對學員作出正面評價，鼓勵學員發現別人的優點，為學員們提供了難得的瞭解自己外在形象的好機會。透過玩這個遊戲，可以提高學員的學習積極性，幫助他們適應並愛上這個集體，有利於培訓計劃的推行。另外，帶著這些正面評價，學員回到工作崗位後會表現得更加自信。

2. 如果想取得更好的效果，可以提議在小卡片上多寫一些內容，例如給這個人的建議等，會更有實質性的幫助。這樣，無論培訓課程多麼繁重，在培訓課結束後，都能保證每個學員滿意地離開。

88 拯救沙漠奇俠

 遊戲人數：15～30 人。

 遊戲時間：90 分鐘左右。

 遊戲材料：A4 紙、樹葉、毛巾、透明水容器、羽絨服。

遊戲場地：海灘或者河灘。

遊戲主旨：

　　激勵的主要目標通常都是激發人們的隱藏潛能，使其能夠在當前的工作中發揮更大的作用。本遊戲透過模仿這樣一個場景，激發學員發揮出創造力和自身潛力。

遊戲方法：

　　這是一個激發學員創造力和自身潛力的遊戲。

　　1.培訓師宣佈活動背景：在大沙漠中，一群迷途的遊俠被困，其中有一位遊俠受了很重的傷，並出現了嚴重的脫水症狀。根據一名有醫療經驗的遊俠判斷，必須要在 3 個小時內為該名遊俠準備 2 公斤乾淨的水補充水分，否則他將很有可能因為脫水而死亡。現在的消息是 5 公里以外(遊戲距離 50 米，有一眼泉水可以使用，但壞消息似乎更多：遊俠的傷勢無法支撐一路顛簸到 5 公里以外；據有經驗的人觀察，這一眼泉水正處於枯竭期，大概還有 1 個小時(遊戲時間 30 分鐘)地表就不會有水了；受傷遊俠需要持續補充水分，水容器無法被帶到泉水處裝水，剩下的只有 2 片樹葉、1 條還未使用的汗巾和 10 張遊俠用來記錄行程的紙張可以用作接水之用。其中樹葉含有某種酸，很容易溶解於水，跟水接觸的時間不能超過1/3的路程，而紙張則是因為濕透之後就會立刻破裂，汗巾攜水能力太弱，超過 1/3 路程則已經剩不下多少水了。遊俠迅速決定三個人各用一種物品進行接力運水，力爭在泉水消失前積攢到足夠的乾淨

水。由於設定環境大家都是在沙漠中，因此要求每位參與學員都要穿一件羽絨服進行遊戲，並且整個過程中不能脫下，但不得利用羽絨服攜帶水分。同時參與學員在遊戲過程中無法補充水分。

2. 培訓師組織人手在沙灘或者河灘環境劃定一片區域類比成沙漠場景，要求沙地比較鬆軟。培訓師將學員分成 3 人小組，每個小組各自獲得 10 張 A4 紙、兩片大小約 100 平方釐米的樹葉、一條乾淨乾毛巾，一個大約可以容納 2 公斤水的透明容器。

3. 培訓師等待各小組遊俠學員分配好各自小組的順序之後，便發令遊戲開始，計時 30 分鐘，要求將 2 公斤水容器裝滿。中途如果攜水物品有掉落在地下的情況，則該種物品不得再使用。進行過程中仍然允許各位置交換或者共用傳遞水的物品。

4. 遊戲進行到 30 分鐘或者第一個將 2 公斤乾淨水收集好的時間，集水最多或者消耗時間最少的遊俠小組獲得優勝。土培訓師根據遊戲進行中各小組之間互相激勵的情況組織大家進行一些討論。

 遊戲討論：

1. 大家在開始遊戲前，是否有對沙灘或者河灘的鬆軟度進行測試以便在遊戲正式進行時能夠有所把握？

2. 三種可以集水的物品各有優劣，比賽開始前各小組是怎麼考慮分配先後順序的？特別是紙張是一次用完還是分成幾次使用以求萬全？

3. 你所在的小組採取了什麼樣的運水策略，一開始就每次都以最大水量進行還是會先嘗試幾次以尋求最佳方案？最終的結論是什麼？羽絨服在整個遊戲中所起的作用有多大？其所增加的困難

度對於激發潛能有何意義？

4.遊戲過程中，團隊遊俠互相之間是怎樣鼓勵加油的？是否有根據具體情況由強大的人多跑一些距離？最後的效果如何？本遊戲的激勵點都有那些方面？在遊戲中對結果的影響都有那些實例？

 遊戲總結：

1.由於本遊戲涉及較為劇烈的奔跑，因此如果參與有骨質疏鬆或者膝蓋踝關節等處痼疾舊傷，可以申請作為觀察員進行場外加油。

2.本遊戲並不屬於對抗競爭遊戲，因此培訓師需要事先說明，小組之間不得互相干涉運水，這同時也是為了安全考慮。

3.就遊戲的距離設定，培訓師可以親自體驗一下每一次奔跑的時間和運水的量來設定實際的比賽距離。

4.在遊戲過程中，培訓師應該注意觀察學員在場上的情況，重點是各小組的激勵策略和運輸順序調整等方面。

5.為了可以充分發揮激勵的作用，同時培養學員資源使用的能力，應該允許每個小組不必所有人都一次全部上場。只是需要注意樹葉運水的時候距離不能超過 1/3 的路程。

89 成效卓著的激將法

**遊戲人數**：10～30 人。

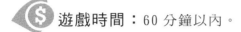**遊戲時間**：60 分鐘以內。

遊戲材料：故事資料。

遊戲場地：普通的教室即可。

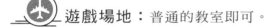**遊戲主旨**：

激將法是中國古代軍事史上出現較多次數的策略形式，俗話說：「請將不如激將。」這也從側面反映了激將法使用的頻繁程度。通常，如果將激將法運用到己方，則屬於一種「激氣」、「勵氣」之法。這種方式如果使用得當，可以大幅度提升己方的殺敵鬥志和意志，起到激發潛力的作用。

遊戲方法：

這是一個培養激勵方法和激勵策略運用的遊戲。

1. 培訓師首先為學員們講述兩個關於激將法的例子。

第一個發生在中國的三國時代：荊州劉表死後，曹操趁機進軍

南下，準備一舉平定天下。劉備從新野一路敗退，到了夏口後，諸葛亮認為形勢緊急，必須要前往江東向擁有一定實力的孫權求援。諸葛亮去到柴桑見到孫權遊說道：「海內大亂，將軍起兵據有江東，劉豫州（劉備當時有豫州牧的職位）亦收眾漢南，與曹操並爭天下。今操芟夷大難，略已平矣，遂破荊州，威震四海。英雄無所用武，故豫州遁逃至此。將軍量力而處之：若能以吳、越之眾與中國抗衡，不如早與之絕；若不能當，何不案兵束甲，北面而事之！今將軍外託服從之名，而內懷猶豫之計，事急而不斷，禍至無日矣！」

孫權說道：「苟如君言，劉豫州何不遂事之乎？」

諸葛亮回應道：「田橫，齊之壯士耳，猶守義不辱，況劉豫州王室之冑，英才蓋世，眾士仰慕，若水之歸海，若事之不濟，此乃天也，安能複為之下乎！」

孫權憤然大怒道：「吾不能舉全吳之地，十萬之眾，受制於人。吾計決矣！非劉豫州莫可以當曹操者，然豫州新敗之後，安能抗此難乎？」

諸葛亮回答道：「豫州軍雖敗於長阪，今戰士還者及關羽水軍精甲萬人，劉琦合江夏戰士亦不下萬人。曹操之眾，遠來疲敝，聞追豫州，輕騎一日一夜行三百餘裏，此所謂『強弩之末，勢不能穿魯縞』者也。故兵法忌之，曰『必蹶上將軍』。且北方之人，不習水戰；又荊州之民附操者，偪兵勢耳，非心服也。今將軍誠能命猛將統兵數萬，與豫州協規同力，破操軍必矣。操軍破，必北還，如此則荊、吳之勢強，鼎足這形成矣。成敗之機，在於今日。」

孫權大喜，認為可以一起打敗曹操，便派遣周瑜、程普和魯肅等率領水軍三萬，跟隨諸葛亮會合劉備，準備一起抗擊曹操的進攻。

2.第二個故事發生在 19 世紀末的美國。

希歐多爾・羅斯福是美國第 26 任總統，在甘迺迪之前，也是美國最年輕的總統，他的一生頗富傳奇。他的心臟有問題，卻一直喜歡從事劇烈運動，甚至帶領探險隊登頂歐洲最高峰勃朗峰，從而被英國皇家學會吸納為會員。他從哈佛畢業之後進入到哥倫比亞大學法學院，一年之後，出版了第一部正式著作是關於海軍作戰的《1812 年戰爭中的海戰》，這本書後來成為美國海軍學院的必修課材料；同時，他因為其代表著作關於美國西部開發史《西部的勝利》，而當選為美國歷史學會主席。當然，老羅斯福（這是為了與他的遠房堂侄後來的佛蘭克林・羅斯福總統相區別）最重要的人生經歷還是在美國政壇之中。

這位在總統任內堪稱「締造了美國」（2006 年時代雜誌封面人物的標題）的鐵腕人物，真正進入政壇卻是因為一個朋友激將才最終得以實現。在 1898 年前，羅斯福曾經幫助過其他總統助選，也擔任過一些政府公職，都有不凡的表現。後來，由於他自幼對海軍和海戰史十分著迷，在結識了一些海軍人士之後，他強化了海權至上的強國理念。在海軍副部長任內期間，因為部長長期稱病，總統對海軍也不感興趣，給了羅斯福大權獨攬發展海軍的機會。

1898 年美西戰爭中，羅斯福終於大顯身手，美國海軍取得決定性勝利，使得西班牙一舉沒落；同時，他還不滿足這樣的成就，開戰之後便辭去副部長職務，組建了美國第一志願騎兵旅，前往古巴親自作戰，並且取得了輝煌的戰績，因為古巴中的戰鬥，他被譽為『聖胡安山英雄』。

從古巴回來之後，羅斯福被推舉為紐約州州長候選人，反對黨

汗指他不是紐約合法的居民，這使得羅斯福感到心裏恐慌，準備就此退出競選。他的一個好朋友伯拉德瞭解之後，便對他說：「難道說『聖胡安山英雄』，竟是這樣的一個弱者？」羅斯福一向是個不服輸的人，受到此激將之後，便打消了退出的念頭，成功競選州長，又在 1900 年當選副總統。1901 年由於時任總統遇刺，他便繼任總統，並與華盛頓、傑弗遜和林肯成為美國歷史上最偉大的總統之一，被雕刻畫像於總統山上。

3.培訓師講完故事之後，請學員思考 10 分鐘時間，看看有沒有什麼現實中的激將故事可以分享給大家。

遊戲討論：

如果時間有富餘，培訓師可以和學員們一起討論一下故事中的激勵策略的運用要點。

遊戲總結：

培訓師需要為學員們分析一些激將法的運用要點，因為這需要有力的口才技巧和對心理的精細把握。運用時機也需要準確掌握，過急則可能欲速則不達，過緩則可能對方過了激發期，容易變得無動於衷，難以激發對方的自尊心，達不到所需要的目的。

金榜題名的秀才

有位進京趕考的秀才，在考試前兩天做了三個夢：第一個夢是自己在牆上種白菜；第二個夢是下雨天，他戴了斗笠還打傘；第三個夢是跟夢中情人擦肩而過，失之交臂。秀才感到這三個夢頗有深意，就趕緊去找算命先生解夢。算命的一聽，連連嘆惜說：「你還是趁早回家吧！你想一想，高牆上種菜不是白費勁嗎？戴斗笠打雨傘不是多此一舉嗎？跟夢中情人擦肩而過，不是沒緣分嗎？」秀才一聽，心灰意冷，回店收拾包袱準備回家。

店老闆非常奇怪，問：「明天不是考試嗎，怎麼你今天就要走了？」秀才把算命先生的話如此這般一說，店老闆樂了：「呦，我也會解夢。你想想，牆上種白菜不是高種（中）嗎？戴斗笠打傘不是說有備無患嗎？跟夢中情人擦亮而過不是說你轉身就可以和她相遇嗎？」秀才一聽，覺得有很有道理，於是精神振奮，信心十足，情緒高漲，在考場上更是才思泉湧，最後果然金榜題名。

原本打道回府的秀才為什麼又留了下來，並且最終金榜題名了呢？因為他聽從了店老闆的意見，從另外一個角度去看問題，得出了完全不一樣的解釋，從而改變了態度，使得他精神振奮，信心十足，情緒高漲，最終金榜題名。

任何一件事情都具備兩面性，如果你從消極的方面去看，你得到的就是消極的影響。但是如果你從積極的方面去看，你得到的就是積極的影響。這也就是為什麼職場之上，面對同樣一件事情的時候，不同的兩個員工會得出不同的結果，甚至會有不同的心情。我們都曾經看過這樣一個故事：一個公司派兩個推銷員去一個地方推銷鞋子，那個地方的人沒有人穿鞋，一個推銷員覺得，這個地方的人根本就不穿鞋子，所以根本就沒有市場。而另外一個推銷員則認為，這個地方人們都不穿鞋，那麼在這裏大有可為，市場大得無法估計。於是，前者無功而返，而後者則成了這個地區的總代理，功成名裁；這就告訴我們遇到事情要善於從積極的方面去看待問題，而不是從消極方面去看問題，從而培養自己的積極心態。

心得欄 ------------------------------

臺灣的核心競爭力，就在這裏！

圖　書　出　版　目　錄

　　下列圖書是由臺灣的憲業企管顧問（集團）公司所出版，秉持專業立場，特別注重實務應用，50 餘位顧問師為企業界提供最專業的各種經營管理類圖書。

1. 傳播書香社會，直接向本出版社購買，一律 9 折優惠，郵遞費用由本公司負擔。服務電話(02) 27622241　(03) 9310960　　傳真 (03) 9310961
2. 付款方式：請將書款轉帳到我公司下列的銀行帳戶。
　・銀行名稱：合作金庫銀行（敦南分行）　帳號：5034-717-347447
　　公司名稱：憲業企管顧問有限公司
　・郵局劃撥號碼：18410591　郵局劃撥戶名：憲業企管顧問公司

3. 圖書出版資料隨時更新，請見網站 www.bookstore99.com

────── 經營顧問叢書 ──────

25	王永慶的經營管理	360 元	122	熱愛工作	360 元
47	營業部門推銷技巧	390 元	125	部門經營計劃工作	360 元
52	堅持一定成功	360 元	129	邁克爾・波特的戰略智慧	360 元
56	對準目標	360 元	130	如何制定企業經營戰略	360 元
60	寶潔品牌操作手冊	360 元	132	有效解決問題的溝通技巧	360 元
72	傳銷致富	360 元	135	成敗關鍵的談判技巧	360 元
76	如何打造企業贏利模式	360 元	137	生產部門、行銷部門績效考核手冊	360 元
78	財務經理手冊	360 元	139	行銷機能診斷	360 元
79	財務診斷技巧	360 元	140	企業如何節流	360 元
85	生產管理制度化	360 元	141	責任	360 元
86	企劃管理制度化	360 元	142	企業接棒人	360 元
91	汽車販賣技巧大公開	360 元	144	企業的外包操作管理	360 元
97	企業收款管理	360 元	146	主管階層績效考核手冊	360 元
100	幹部決定執行力	360 元	147	六步打造績效考核體系	360 元
106	提升領導力培訓遊戲	360 元	148	六步打造培訓體系	360 元
116	新產品開發與銷售	400 元			

149	展覽會行銷技巧	360元	230	診斷改善你的企業	360元
150	企業流程管理技巧	360元	232	電子郵件成功技巧	360元
152	向西點軍校學管理	360元	234	銷售通路管理實務〈增訂二版〉	360元
154	領導你的成功團隊	360元			
155	頂尖傳銷術	360元	235	求職面試一定成功	360元
160	各部門編制預算工作	360元	236	客戶管理操作實務〈增訂二版〉	360元
163	只為成功找方法，不為失敗找藉口	360元	237	總經理如何領導成功團隊	360元
			238	總經理如何熟悉財務控制	360元
167	網路商店管理手冊	360元	239	總經理如何靈活調動資金	360元
168	生氣不如爭氣	360元	240	有趣的生活經濟學	360元
170	模仿就能成功	350元	241	業務員經營轄區市場（增訂二版）	360元
176	每天進步一點點	350元			
181	速度是贏利關鍵	360元	242	搜索引擎行銷	360元
183	如何識別人才	360元	243	如何推動利潤中心制度（增訂二版）	360元
184	找方法解決問題	360元			
185	不景氣時期，如何降低成本	360元	244	經營智慧	360元
186	營業管理疑難雜症與對策	360元	245	企業危機應對實戰技巧	360元
187	廠商掌握零售賣場的竅門	360元	246	行銷總監工作指引	360元
188	推銷之神傳世技巧	360元	247	行銷總監實戰案例	360元
189	企業經營案例解析	360元	248	企業戰略執行手冊	360元
191	豐田汽車管理模式	360元	249	大客戶搖錢樹	360元
192	企業執行力（技巧篇）	360元	250	企業經營計劃〈增訂二版〉	360元
193	領導魅力	360元	252	營業管理實務（增訂二版）	360元
198	銷售說服技巧	360元	253	銷售部門績效考核量化指標	360元
199	促銷工具疑難雜症與對策	360元	254	員工招聘操作手冊	360元
200	如何推動目標管理(第三版)	390元	256	有效溝通技巧	360元
201	網路行銷技巧	360元	257	會議手冊	360元
204	客戶服務部工作流程	360元	258	如何處理員工離職問題	360元
206	如何鞏固客戶（增訂二版）	360元	259	提高工作效率	360元
208	經濟大崩潰	360元	261	員工招聘性向測試方法	360元
215	行銷計劃書的撰寫與執行	360元	262	解決問題	360元
216	內部控制實務與案例	360元	263	微利時代制勝法寶	360元
217	透視財務分析內幕	360元	264	如何拿到VC（風險投資）的錢	360元
219	總經理如何管理公司	360元			
222	確保新產品銷售成功	360元	267	促銷管理實務〈增訂五版〉	360元
223	品牌成功關鍵步驟	360元	268	顧客情報管理技巧	360元
224	客戶服務部門績效量化指標	360元	269	如何改善企業組織績效〈增訂二版〉	360元
226	商業網站成功密碼	360元			
228	經營分析	360元	270	低調才是大智慧	360元
229	產品經理手冊	360元	272	主管必備的授權技巧	360元

275	主管如何激勵部屬	360 元
276	輕鬆擁有幽默口才	360 元
277	各部門年度計劃工作（增訂二版）	360 元
278	面試主考官工作實務	360 元
279	總經理重點工作（增訂二版）	360 元
282	如何提高市場佔有率（增訂二版）	360 元
283	財務部流程規範化管理（增訂二版）	360 元
284	時間管理手冊	360 元
285	人事經理操作手冊（增訂二版）	360 元
286	贏得競爭優勢的模仿戰略	360 元
287	電話推銷培訓教材（增訂三版）	360 元
288	贏在細節管理（增訂二版）	360 元
289	企業識別系統 CIS（增訂二版）	360 元
290	部門主管手冊（增訂五版）	360 元
291	財務查帳技巧（增訂二版）	360 元
292	商業簡報技巧	360 元
293	業務員疑難雜症與對策（增訂二版）	360 元
294	內部控制規範手冊	360 元
295	哈佛領導力課程	360 元
296	如何診斷企業財務狀況	360 元
297	營業部轄區管理規範工具書	360 元
298	售後服務手冊	360 元
299	業績倍增的銷售技巧	400 元
300	行政部流程規範化管理（增訂二版）	400 元
301	如何撰寫商業計畫書	400 元
302	行銷部流程規範化管理（增訂二版）	400 元
303	人力資源部流程規範化管理（增訂四版）	420 元
304	生產部流程規範化管理（增訂二版）	400 元
305	績效考核手冊（增訂二版）	400 元
306	經銷商管理手冊（增訂四版）	420 元

307	招聘作業規範手冊	420 元
308	喬·吉拉德銷售智慧	400 元
309	商品鋪貨規範工具書	400 元
310	企業併購案例精華（增訂二版）	420 元
311	客戶抱怨手冊	400 元
312	如何撰寫職位說明書（增訂二版）	400 元
313	總務部門重點工作（增訂三版）	400 元
314	客戶拒絕就是銷售成功的開始	400 元
315	如何選人、育人、用人、留人、辭人	400 元
316	危機管理案例精華	400 元

《商店叢書》

10	賣場管理	360 元
18	店員推銷技巧	360 元
30	特許連鎖業經營技巧	360 元
35	商店標準操作流程	360 元
36	商店導購口才專業培訓	360 元
37	速食店操作手冊〈增訂二版〉	360 元
38	網路商店創業手冊〈增訂二版〉	360 元
40	商店診斷實務	360 元
41	店鋪商品管理手冊	360 元
42	店員操作手冊（增訂三版）	360 元
43	如何撰寫連鎖業營運手冊〈增訂二版〉	360 元
44	店長如何提升業績〈增訂二版〉	360 元
45	向肯德基學習連鎖經營〈增訂二版〉	360 元
46	連鎖店督導師手冊	360 元
47	賣場如何經營會員俱樂部	360 元
48	賣場銷量神奇交叉分析	360 元
49	商場促銷法寶	360 元
50	連鎖店操作手冊（增訂四版）	360 元
51	開店創業手冊〈增訂三版〉	360 元
52	店長操作手冊（增訂五版）	360 元
53	餐飲業工作規範	360 元

54	有效的店員銷售技巧	360 元
55	如何開創連鎖體系〈增訂三版〉	360 元
56	開一家穩賺不賠的網路商店	360 元
57	連鎖業開店複製流程	360 元
58	商舖業績提升技巧	360 元
59	店員工作規範（增訂二版）	400 元
60	連鎖業加盟合約	400 元
61	架設強大的連鎖總部	400 元
62	餐飲業經營技巧	400 元

《工廠叢書》

13	品管員操作手冊	380 元
15	工廠設備維護手冊	380 元
16	品管圈活動指南	380 元
17	品管圈推動實務	380 元
20	如何推動提案制度	380 元
24	六西格瑪管理手冊	380 元
30	生產績效診斷與評估	380 元
32	如何藉助 IE 提升業績	380 元
35	目視管理案例大全	380 元
38	目視管理操作技巧(增訂二版)	380 元
46	降低生產成本	380 元
47	物流配送績效管理	380 元
49	6S 管理必備手冊	380 元
51	透視流程改善技巧	380 元
55	企業標準化的創建與推動	380 元
56	精細化生產管理	380 元
57	品質管制手法〈增訂二版〉	380 元
58	如何改善生產績效〈增訂二版〉	380 元
67	生產訂單管理步驟〈增訂二版〉	380 元
68	打造一流的生產作業廠區	380 元
70	如何控制不良品〈增訂二版〉	380 元
71	全面消除生產浪費	380 元
72	現場工程改善應用手冊	380 元
75	生產計劃的規劃與執行	380 元
77	確保新產品開發成功（增訂四版）	380 元
78	商品管理流程控制(增訂三版)	380 元
79	6S 管理運作技巧	380 元

80	工廠管理標準作業流程〈增訂二版〉	380 元
81	部門績效考核的量化管理（增訂五版）	380 元
82	採購管理實務〈增訂五版〉	380 元
83	品管部經理操作規範〈增訂二版〉	380 元
84	供應商管理手冊	380 元
85	採購管理工作細則〈增訂二版〉	380 元
86	如何管理倉庫（增訂七版）	380 元
87	物料管理控制實務〈增訂二版〉	380 元
88	豐田現場管理技巧	380 元
89	生產現場管理實戰案例〈增訂三版〉	380 元
90	如何推動 5S 管理（增訂五版）	420 元
91	採購談判與議價技巧	420 元
92	生產主管操作手冊(增訂五版)	420 元
93	機器設備維護管理工具書	420 元

《醫學保健叢書》

1	9 週加強免疫能力	320 元
3	如何克服失眠	320 元
4	美麗肌膚有妙方	320 元
5	減肥瘦身一定成功	360 元
6	輕鬆懷孕手冊	360 元
7	育兒保健手冊	360 元
8	輕鬆坐月子	360 元
11	排毒養生方法	360 元
13	排除體內毒素	360 元
14	排除便秘困擾	360 元
15	維生素保健全書	360 元
16	腎臟病患者的治療與保健	360 元
17	肝病患者的治療與保健	360 元
18	糖尿病患者的治療與保健	360 元
19	高血壓患者的治療與保健	360 元
22	給老爸老媽的保健全書	360 元
23	如何降低高血壓	360 元
24	如何治療糖尿病	360 元
25	如何降低膽固醇	360 元
26	人體器官使用說明書	360 元

27	這樣喝水最健康	360 元
28	輕鬆排毒方法	360 元
29	中醫養生手冊	360 元
30	孕婦手冊	360 元
31	育兒手冊	360 元
32	幾千年的中醫養生方法	360 元
34	糖尿病治療全書	360 元
35	活到 120 歲的飲食方法	360 元
36	7 天克服便秘	360 元
37	為長壽做準備	360 元
39	拒絕三高有方法	360 元
40	一定要懷孕	360 元
41	提高免疫力可抵抗癌症	360 元
42	生男生女有技巧〈增訂三版〉	360 元

《培訓叢書》

11	培訓師的現場培訓技巧	360 元
12	培訓師的演講技巧	360 元
14	解決問題能力的培訓技巧	360 元
15	戶外培訓活動實施技巧	360 元
17	針對部門主管的培訓遊戲	360 元
20	銷售部門培訓遊戲	360 元
21	培訓部門經理操作手冊（增訂三版）	360 元
22	企業培訓活動的破冰遊戲	360 元
23	培訓部門流程規範化管理	360 元
24	領導技巧培訓遊戲	360 元
25	企業培訓遊戲大全(增訂三版)	360 元
26	提升服務品質培訓遊戲	360 元
27	執行能力培訓遊戲	360 元
28	企業如何培訓內部講師	360 元
29	培訓師手冊（增訂五版）	420 元
30	團隊合作培訓遊戲(增訂三版)	420 元
31	激勵員工培訓遊戲	420 元

《傳銷叢書》

4	傳銷致富	360 元
5	傳銷培訓課程	360 元
7	快速建立傳銷團隊	360 元
10	頂尖傳銷術	360 元
12	現在輪到你成功	350 元
13	鑽石傳銷商培訓手冊	350 元

14	傳銷皇帝的激勵技巧	360 元
15	傳銷皇帝的溝通技巧	360 元
19	傳銷分享會運作範例	360 元
20	傳銷成功技巧（增訂五版）	400 元
21	傳銷領袖（增訂二版）	400 元
22	傳銷話術	400 元

《幼兒培育叢書》

1	如何培育傑出子女	360 元
2	培育財富子女	360 元
3	如何激發孩子的學習潛能	360 元
4	鼓勵孩子	360 元
5	別溺愛孩子	360 元
6	孩子考第一名	360 元
7	父母要如何與孩子溝通	360 元
8	父母要如何培養孩子的好習慣	360 元
9	父母要如何激發孩子學習潛能	360 元
10	如何讓孩子變得堅強自信	360 元

《成功叢書》

1	猶太富翁經商智慧	360 元
2	致富鑽石法則	360 元
3	發現財富密碼	360 元

《企業傳記叢書》

1	零售巨人沃爾瑪	360 元
2	大型企業失敗啟示錄	360 元
3	企業併購始祖洛克菲勒	360 元
4	透視戴爾經營技巧	360 元
5	亞馬遜網路書店傳奇	360 元
6	動物智慧的企業競爭啟示	320 元
7	CEO 拯救企業	360 元
8	世界首富 宜家王國	360 元
9	航空巨人波音傳奇	360 元
10	傳媒併購大亨	360 元

《智慧叢書》

1	禪的智慧	360 元
2	生活禪	360 元
3	易經的智慧	360 元
4	禪的管理大智慧	360 元
5	改變命運的人生智慧	360 元
6	如何吸取中庸智慧	360 元
7	如何吸取老子智慧	360 元

8	如何吸取易經智慧	360 元
9	經濟大崩潰	360 元
10	有趣的生活經濟學	360 元
11	低調才是大智慧	360 元

《DIY叢書》

1	居家節約竅門DIY	360 元
2	愛護汽車DIY	360 元
3	現代居家風水DIY	360 元
4	居家收納整理DIY	360 元
5	廚房竅門DIY	360 元
6	家庭裝修DIY	360 元
7	省油大作戰	360 元

《財務管理叢書》

1	如何編制部門年度預算	360 元
2	財務查帳技巧	360 元
3	財務經理手冊	360 元
4	財務診斷技巧	360 元
5	內部控制實務	360 元
6	財務管理制度化	360 元
8	財務部流程規範化管理	360 元
9	如何推動利潤中心制度	360 元

為方便讀者選購，本公司將一部分上述圖書又加以專門分類如下：

《企業制度叢書》

1	行銷管理制度化	360 元
2	財務管理制度化	360 元
3	人事管理制度化	360 元
4	總務管理制度化	360 元
5	生產管理制度化	360 元
6	企劃管理制度化	360 元

《主管叢書》

1	部門主管手冊（增訂五版）	360 元
2	總經理行動手冊	360 元
4	生產主管操作手冊（增訂五版）	420 元
5	店長操作手冊（增訂五版）	360 元
6	財務經理手冊	360 元
7	人事經理操作手冊	360 元
8	行銷總監工作指引	360 元
9	行銷總監實戰案例	360 元

《總經理叢書》

1	總經理如何經營公司(增訂二版)	360 元
2	總經理如何管理公司	360 元
3	總經理如何領導成功團隊	360 元
4	總經理如何熟悉財務控制	360 元
5	總經理如何靈活調動資金	360 元

《人事管理叢書》

1	人事經理操作手冊	360 元
2	員工招聘操作手冊	360 元
3	員工招聘性向測試方法	360 元
5	總務部門重點工作	360 元
6	如何識別人才	360 元
7	如何處理員工離職問題	360 元
8	人力資源部流程規範化管理（增訂四版）	420 元
9	面試主考官工作實務	360 元
10	主管如何激勵部屬	360 元
11	主管必備的授權技巧	360 元
12	部門主管手冊（增訂五版）	360 元

《理財叢書》

1	巴菲特股票投資忠告	360 元
2	受益一生的投資理財	360 元
3	終身理財計劃	360 元
4	如何投資黃金	360 元
5	巴菲特投資必贏技巧	360 元
6	投資基金賺錢方法	360 元
7	索羅斯的基金投資必贏忠告	360 元
8	巴菲特為何投資比亞迪	360 元

《網路行銷叢書》

1	網路商店創業手冊〈增訂二版〉	360 元
2	網路商店管理手冊	360 元
3	網路行銷技巧	360 元
4	商業網站成功密碼	360 元
5	電子郵件成功技巧	360 元
6	搜索引擎行銷	360 元

《企業計劃叢書》

1	企業經營計劃〈增訂二版〉	360 元
2	各部門年度計劃工作	360 元
3	各部門編制預算工作	360 元

在海外出差的………
台灣上班族

愈來愈多的台灣上班族，到海外工作（或海外出差），對工作的努力與敬業，是台灣上班族的核心競爭力；一個明顯的例子，返台休假期間，台灣上班族都會抽空再買書，設法充實自身專業能力。

[憲業企管顧問公司]以專業立場，為企業界提供最專業的各種經營管理類圖書。

85%的台灣上班族都曾經有過購買（或閱讀）[憲業企管顧問公司]所出版的各種企管圖書。

建議你：工作之餘要多看書，加強競爭力。

建立企業圖書館

當市場競爭激烈時：

培訓員工，強化員工競爭力
是企業最佳對策

「人才」是企業最大的財富。如何提升人才，是企業永續經營、戰勝對手的核心競爭力。積極培訓公司內部員工，是經濟不景氣時期的最佳戰略，而最快速的具體作法，就是「建立企業內部圖書館，鼓勵員工多閱讀、多進修專業書藉」

建議您：請一次購足本公司所出版各種經營管理類圖書，作為貴公司內部員工培訓圖書。 使用率高的（例如「贏在細節管理」），準備 3 本；使用率低的（例如「工廠設備維護手冊」），只買 1 本。

培訓叢書 ㉛　　　　　　　　售價：420 元

激勵員工培訓遊戲

西元二〇一五年七月　　　　　　　初版一刷

編輯指導：黃憲仁

編著：　朱東權

策劃：麥可國際出版有限公司（新加坡）

編輯：蕭玲

校對：劉飛娟

發行人：黃憲仁

發行所：憲業企管顧問有限公司

電話：(02) 2762-2241　　(03) 9310960　　0930872873

電子郵件聯絡信箱：huang2838@yahoo.com.tw

銀行 ATM 轉帳：合作金庫銀行　　帳號：5034-717-347447

郵政劃撥：18410591　　憲業企管顧問有限公司

江祖平律師顧問：紙品書、數位書著作權與版權均歸本公司所有

登記證：行政業新聞局版台業字第 6380 號

本公司徵求海外版權出版代理商 (0930872873)